Das verflixte S

Heiko Reisch

Das verflixte Selbst

Menschliche Eigenwilligkeit und Künstliche Intelligenz

 J.B. METZLER

Heiko Reisch
Frankfurt am Main, Deutschland

ISBN 978-3-662-67490-1   ISBN 978-3-662-67491-8   (eBook)
https://doi.org/10.1007/978-3-662-67491-8

Die Deutsche Nationalbibliothek verzeichnet diese Publikation in der Deutschen Nationalbibliografie; detaillierte bibliografische Daten sind im Internet über http://dnb.d-nb.de abrufbar.

Planung/Lektorat: Frank Schindler
J.B. Metzler ist ein Imprint der eingetragenen Gesellschaft Springer-Verlag GmbH, DE und ist ein Teil von Springer Nature.
Die Anschrift der Gesellschaft ist: Heidelberger Platz 3, 14197 Berlin, Germany

Das Papier dieses Produkts ist recyclebar.

Für Luis, Sabine, Majella und Reinhard

Inhaltsverzeichnis

1

Einleitung

KI ist ein neues Phänomen. Sie erweckt Phantasien, Träume bei den Befürwortern, Ängste bei den Gegnern. KI soll viel mehr können als Menschen. Um vertretbare Entscheidungen zu treffen, bräuchte sie allerdings ein Selbst, irgendeine Form von Bewusstsein. Das soll gleichzeitig aber gar nicht das Ziel sein, weil es erhebliche Risiken birgt. Sie soll das klügste Tier werden und trotzdem ein Nutztier bleiben. Aus logischen Gründen ist das nicht möglich, ein Widerspruch. Eines der unlösbaren Probleme der Wissenschaften. Selbstbewusstsein, Autonomie und Moral haben nichts mit standpunktloser Berechnung zu tun.

Einer der bekanntesten Forscher auf dem Gebiet der Künstlichen Intelligenz (KI) antwortete vor gar nicht so langer Zeit auf die Frage, wann es eine KI gäbe, die schlauer als der Mensch wäre:

„Es scheint so zu sein, wenn der Trend nicht bricht, dass wir in 30 Jahren erstmals eine kleine billige Maschine haben werden, die dann so ein großes neuronales Netz-

© Der/die Autor(en), exklusiv lizenziert an Springer-Verlag GmbH, DE, ein Teil von Springer Nature 2023
H. Reisch, *Das verflixte Selbst*,
https://doi.org/10.1007/978-3-662-67491-8_1

werk hat, wie Sie in Ihrem Hirn haben. Die Verbindungen werden natürlich schneller sein, weil es elektronische Verbindungen sind, nicht nur biologische Verbindungen. Was wird also passieren, wenn die wirklich klüger, kreativer, neugieriger, also in jeder Hinsicht dem Menschen überlegen sind? Dann werden interessante Sachen passieren." (Schmidhuber, 2018).

Jürgen Schmidhuber weiß vermutlich, wovon er technisch spricht, er gilt als einer der führenden Spezialisten für lernfähige Maschinen. Den einen jagt diese Prognose einen Schauer über den Rücken, den anderen mag es zu euphorischen Fortschrittsgefühlen verhelfen. Womöglich ist es nur die Träumerei eines Physikers, doch der Wunsch ist eine handfeste Realität, auch wenn die Umsetzung nicht gelingen oder noch sehr lange dauern wird. Das ist gar nicht die entscheidende Frage. Lohnender sind Überlegungen zu Konsequenzen einschließlich der Betrachtung, ob diese KI dann auch ein Selbstbewusstsein haben wird und sich zum Thema oder Objekt der Selbstbeobachtung machen kann. Wird sie am Ende ein Selbstgefühl haben, und damit den Eindruck, so etwas wie ein „Selbst" zu besitzen?

Schon heute entscheiden Algorithmen, welche Werbung uns im Internet angezeigt wird, welche Preise auf Amazon erscheinen, und wer einen Kredit erhält oder nicht. Das alles ist Teil der Digitalisierung, die den Alltag verändert. Etwas ganz anderes ist es aber, wenn eine KI „klüger, kreativer, neugieriger" ist als wir, uns also schlicht überlegen sein wird, wie einige Physiker und Informatiker mutmaßen. Sie wird dann zu Ergebnissen kommen, deren Weg wir nicht mehr nachvollziehen können. Spätestens zu diesem Zeitpunkt werden wir einsehen, dass wir der KI eine Ethik hätten mitgeben müssen, die mit unserer vereinbar ist, bevor sie daran geht, eigenmächtig selbst eine zu entwickeln. Ansonsten könnten „interessante Sachen" passieren, die wir nicht wollen und niemals erwartet haben. Ob das überhaupt möglich ist, bleibt jedoch mit einem mehr als großen Fragezeichen versehen. Wie man eine KI moralisch ausstatten sollte, wenn man es denn überhaupt könnte, ist schon heute eine ziemlich harte Nuss.

Wissenschaftler haben sich intensiv damit auseinandergesetzt, was ein Selbst überhaupt ist, wie wir es pflegen und einhegen können. Damit ist verbunden, was wir unter Freiheit und Individualismus verstehen. Wir haben Wünsche, wir wollen etwas, wir verfolgen Ziele, wir handeln, wir sprechen.[1] Menschen sind Teil einer vorgefundenen Welt, auf die sie reagieren, und die sie mit ihrer Existenz wiederum beeinflussen. Gäbe es mich nicht, wäre die Welt ganz sicher eine andere: nämlich eine ohne mich. Für mich selbst macht das einen gewaltigen Unterschied, für die meisten anderen Menschen dagegen überhaupt nicht. Sie kennen mich nicht und werden niemals von meinem Vorhandensein erfahren. Für mich selbst ist es genau genommen aber unvorstellbar, wie die Welt ohne mich ist. Das veranschaulicht eine einfache Überlegung: Wir können uns vorstellen, wie die Welt war, bevor wir geboren wurden. Wir können uns auch ausmalen, wie sie sein wird, wenn wir gestorben sind. Aber wir können uns nicht vorstellen, nicht zu sein, denn es ist dann immer noch unsere eigene Vorstellung, die wir in diesem Fall durchspielen. Wir können uns gedanklich nicht aus der Wirklichkeit in ihrer Jetztform wegradieren. Denn wer radiert da, wenn nicht ich selbst? Der gedanklich vollzogene Radierakt bleibt eine Imagination, die jemand macht. Zu Beginn der Neuzeit hat der französische Philosoph René Descartes das zum Ankerpunkt der Gewissheit

---

[1] „Wir" meint immer das verallgemeinernde „wir Menschen" und nicht eine bestimmte Gruppe, die von anderen Gruppierungen abgegrenzt wird.

des individuellen Seins in einer realen Welt gemacht: „Ich denke, also bin ich". Dass er dabei viele problematische Voraussetzungen mitschleppen musste, wie beispielsweise die, dass es ein einheitliches Ich gibt, das sich losgelöst von allem denkt, steht auf einem anderen Blatt. Die Einwände füllen längst Regale.

In der westlichen Sozialisation hat Selbstverwirklichung einen hohen Stellenwert. Manche treibt die Selbstbestimmungshoheit bis zu einer narzisstischen Egozentrik, also einer Selbstüberhöhung mit massiven Täuschungsanteilen. Auf die Frage „Möchtest Du Dich selbstverwirklichen?" wird kaum jemand mit „nein" antworten. Wir wollen das schaffen, wenn schon nicht beim Arbeiten, dann doch wenigstens im privaten Bereich. Ehrlicherweise gelingt uns das nur in Maßen und mit unterschiedlichem Erfolg, Wunsch und Wirklichkeit klaffen auseinander. Auch wenn man es bescheidener angeht, es sollte eigentlich so etwas wie ein authentisches Selbst geben, flüstert unser Gefühl. Deshalb werden jede Menge Kurse und Schulungen angeboten, die empfehlen: „Finde Dich selbst" oder „Finde Dein wahres Ich" oder „Finde heraus, wer Du wirklich bist" oder „Entdecke Deine Möglichkeiten". Sie versprechen ein wahres Selbst, das es aufzuspüren gilt. Offenkundig trifft das auf ein vorhandenes Bedürfnis.

Das Eigene, also unsere spezifische Besonderheit, soll in der Welt ausreichend Platz zur Entfaltung finden. Experten hantieren mit Begriffen wie Selbstachtung, um zu betonen, dass Menschen ein positives Verhältnis zu sich selbst entwickeln müssen. Wir können uns zwar für bestimmte Ziele aufopfern und eine Selbstlosigkeit an den Tag legen. Aber niemand geht davon aus, dass die völlige Selbstmissachtung eine gute Einstellung ist. Auch wer sich aus voller Überzeugung einer höheren Idee unterordnet,

fühlt sich davon aufgefangen, was noch überhaupt nichts
darüber aussagt, ob die jeweils höhere Idee eine gute oder
eine schlechte ist. Für Außenstehende hat das jedenfalls
mit schwer nachvollziehbarer Selbstpreisgabe zu tun, für
unmittelbar Beteiligte mag es dagegen Sicherheit, Auf-
gehobenheit und Sinnstiftung bedeuten. Auch das kann
ein Selbstwertgefühl füttern. Im Extrem träumen alles
normierende Fundamentalismen nicht nur von illiberalen
Gemeinschaften, sie zelebrieren sie. Der kulturelle und
politische Gegenschlag, der sich gegen einen zu groß
gemachten Individualismus richtet und eine ganz andere
Version von Halt gutheißt, ist global betrachtet mit unterschiedlicher Intensität in vollem Gang. Die Erzählung
des westlichen Liberalismus hat an Kraft eingebüßt, sein
Fortschrittsversprechen   erscheint   überholt.   Weniger
anstrengende Modelle sind auf dem Vormarsch, Populis-
mus und Autoritarismus finden vielerorts einen guten
Nährboden.

Das Selbst ist ein eigenwilliges Wort. Sprachlich
betrachtet ist es die substantivierte Form des Reflexiv-
pronomens „selbst". Es ist ein rückbezügliches Für-
wort, das wir beispielsweise verwenden, wenn wir sagen:
Das betrifft mich selbst. Es weist darauf hin, wer genau
gemeint ist, in dem Fall ich bzw. meine Person. Das
„Selbst" unterstellt als Substantiv für das Alltagsverständ-
nis aber auch noch, dass da etwas ist, vielleicht eine Art
von dauerhafter Substanz, die mein Eigenstes ausmacht.
Der Begriff kommt ursprünglich aus dem 17. Jahrhundert, er ist im englischen Liberalismus entstanden und
hat in der europäischen Romantik dann als etwas Geistiges
vollends Karriere gemacht. Als metaphysische Unterstellung wurde er im 20. Jahrhundert entsorgt. Daran
haben Naturwissenschaften, Sozialwissenschaften und
Philosophie gleichermaßen gearbeitet. Ich bin eine Person,
das heißt aber nicht, dass ich einen festen Kern habe. Es

gab historische Epochen wie die Antike, die diesen Begriff auch auf europäischem Boden überhaupt nicht kannten. Und es gibt andernorts Kulturen und Sprachen, in denen er niemals vorkam und bis heute nicht vorkommt. So gesehen könnte man die Betonung eines Selbst als ein westliches Mittelschichtsphänomen abtun.

Inzwischen ist allerdings ein ganz neuer Problemdruck entstanden. Mit Facebook, Instagram und sonstigen digitalen Profilen können sich Menschen ein paralleles Leben in einer virtuellen Welt zulegen. Es ist ein Ort der Selbstinszenierung, weit weg von dem, wie wir sind, und nah dran an dem, wie wir sein wollen oder nach Rollenmustern sein sollen. Tatsächlich stellt aber erst die Entwicklung der Künstlichen Intelligenz, von der wir bislang nur eine grobe Ahnung haben, das menschliche Selbstverständnis in Frage. Vielleicht wird es Avatare unserer selbst, vielleicht auch selbst denkende und der menschlichen Autonomie ähnlich selbst entscheidende künstliche Apparate geben, die wie Personen agieren. So denkt es Science-Fiktion voraus.[2] In der Realität sind sie bislang meistens nur unterkomplexe selbstlernende Programme mit entsprechenden Automatismen. Obwohl, beim autonomen Fahren, was in Ansätzen entwickelt ist, kommen bereits Entscheidungsalgorithmen ins Spiel, die in den ethischen Grenzbereich führen. Wie werden wir wohl mit Etwas umgehen, das wirklich eigene Entscheidungen

---

[2] Der Bordcomputer HAL in Stanley Kubricks „2001: Odyssee im Weltraum" (1968) ist eine frühe berühmt gewordene Maschine, die eine Person simuliert samt unberechenbarem Eigenleben und neurotischem Auswuchs in Form der Angst vor Auslöschung. Das wird persifliert in „Dark Star" (1974) von John Carpenter. Eine defekte intelligente Bombe folgt unter Hinweis auf den methodischen Zweifel von Descartes zwar dem Schluss, dass sie existiert, weil sie denkt. Beim Nachdenken kommt sie aber zu dem depressiven Fazit, dass sie völlig allein im Universum ist. Daraufhin zerstört sie sich selbst und deutet dies als Schöpfungsakt.

trifft: Hat dieses Etwas damit vielleicht irgendwann auch ein echtes Reflexionsspektrum mit freien Entscheidungen und somit gewisse Autonomierechte und Verantwortung? Könnte es sich irgendwann ein Selbst ausmalen, zu dem wir uns verhalten müssen?

Die Sozial- und Neurowissenschaften sagen, das Selbst ist eine nachträgliche Konstruktion, wir starten nicht mit einem robusten Kern, der uns von Anfang an ausmacht. Es entsteht vielmehr durch die Erfahrung der Selbstwahrnehmung und Selbstbeobachtung, die von unseren sozialen Interaktionen und damit von unserem Umfeld beeinflusst werden. Darauf aufbauend entwickeln wir schon recht früh ein Selbstkonzept, das uns durchs Leben begleitet. Das jeweilige Selbstbild hat viele Facetten und kann sich verändern, notwendig ist dabei aber ein gesundes Selbstwertgefühl. Denn die Vorstellung, ein Selbst zu besitzen, gibt Sicherheit. Wir legen Wert darauf, eigene Gedanken zu haben, eigene Wünsche und eigene Pläne. Am Ende des Lebens wollen wir sogar die letzte Wegstrecke selbstbestimmt in entsprechenden Verfügungen vorprägen, auch wenn das Selbst von Anfang an nur ein instabiles Konstrukt sein mag. Es gehört dennoch zu uns. Vermutlich ist es doch keine so gute Idee, trotz aller in ihm steckenden Unschärfen ganz auf die Vorstellung eines Selbst zu verzichten. Wenn es eng wird, operieren wir nämlich nolens volens damit. In Vorstellungen, die um das Selbst kreisen, ist enthalten, wie mit uns umgegangen werden soll. Das gilt auch für uns selbst. Ich sollte mit mir wie mit einer achtenswerten Person umgehen.

Es gibt theoretische und politische Ansätze, die ein zugegebenermaßen zu starkes Selbst voraussetzen, und es gibt welche, die sich ein zu schwaches herbeisehnen. Beides mündet zwangsläufig in Dystopien, weil eine fehlerlose Welt nicht existiert. Selbstverantwortung ist zweischneidig: Auf der einen Seite droht die maßlose Überbewertung von Autonomie und Selbstverwirklichung, die zu einer nicht einlösbaren Überforderung führt. Auf der anderen Seite das Zulassen einer suggestiven Beeinflussung, die de facto zu einer Unterforderung und Entmündigung beiträgt. Die historische Aufklärung hatte im repressiven Staat einstmals einen klar erkennbaren Gegner. Sie hat gegen ihn die Autonomie und die Selbstbindung an allgemeine Regeln propagiert, die den Einzelnen vor unlauteren Übergriffen schützen sollen. Das Aufklärungsdenken ist weltweit betrachtet zwar nicht mehr auf dem Siegeszug. Aber der theoretische und praktische Verzicht auf ein robustes Selbst ist trotzdem keine gute Option. Angesichts der Entwicklung von Digitalisierung und KI lohnt es sich zu verfolgen, wie sich Wissenschaften daran abmühen. Die Diskussionen um KI sind emotional beladen, Schein und Wahrheit verschwimmen dabei schnell. Utopisten glauben, dass intelligente Maschinen uns in Zukunft die erforderliche Arbeit auf eine sehr effektive Weise abnehmen werden, so dass unser Leben durch sie leichter und angenehmer wird. Sie würden uns dabei unterstützen, Probleme zu bewältigen. Wir hätten dadurch mehr Freiräume für andere Dinge, die uns wichtig sind. Dystopisten glauben dagegen, dass intelligente Maschinen erkennen werden, dass wir so fehlerhaft sind, dass es besser wäre, uns irgendwann hinter sich zu lassen. Wir könnten ihnen keinen Benefit bieten.

Beide Positionen sind allzu menschlich. Sie entlehnen ihre Zukunftsphantasien einem Verständnis, das vor allem durch unseren Umgang mit Tieren bestimmt ist. Sie blicken gewissermaßen zurück, wenn sie vorausschauen. So wie wir domestizierte Tiere zu unserem Nutzen einsetzen, könnten wir Maschinen zu unserem Vorteil verwenden, selbst wenn sie bestimmte Elemente von Intelligenz besäßen. Sie würden einfach das tun und sich damit begnügen, was wir ihnen vorgeben. Das ist die Version einer schönen neuen Welt mit nützlichen Dienern. Die andere Version sieht so aus: Auf eine ähnliche Weise, wie wir als Menschen eine Rangordnung aufgestellt haben, in der Tiere weniger wert und vor allem nach Nützlichkeit für uns betrachtet werden, könnte eine eigenständige KI auch über uns nachzudenken beginnen. Sie würde sich dann vermutlich als ranghöher einstufen, da sie viel leistungsfähiger ist, als wir es sind. Vielleicht würde sie uns sogar verschwinden lassen, um eigene Missionen zu verfolgen. So einfach ist es natürlich nicht. Eine uns ähnliche KI ist ein Bestreben ihrer Macher. Es geht ihnen nicht um Wissenschaft, es geht um Profit.[3] Dass KI Eigenschaften bekommt, die denen eines intelligenten Organismus entsprechen, ist nicht nur eine überaus wagemutige Erwartungshaltung, gepaart mit einer eigenartigen Wunschvorstellung, sie ist auch falsch. Nicht weil es per se abzulehnen ist - das ist es auch - aber eine ganz andere Thematik, sondern weil es aus logischen Gründen überhaupt nicht möglich ist.[4] Entgegen der landläufigen Meinung gibt es in den Naturwissenschaften sogenannte unlösbare Probleme, bei denen sogar abstrakt beweisbar ist, dass es für sie keine Lösungen geben kann.

Schließlich ist eine bewundernswerte Leistung zu erbringen nicht deckungsgleich mit der Eigenschaft, eine Person zu sein. Wir schauen in Zukunftsphantasien die KI durch unsere anthropomorphe Brille so an, wie wir Tiere

---

[3] Dass wir bei KI keiner instrumentellen Vision des Silicon Valley aufsitzen sollten, vertritt Precht (2020).

[4] Die Grenze von formalen Systemen beschreibt auf mathematischem Gebiet der Gödelsche Unvollständigkeitssatz. Demnach überfordern bereits einfachere Logiksysteme die Algorithmen, während Menschen überhaupt keiner einfachen Logik folgen. Dies führen Nida-Rümelin und Weidenfeld (2020) aus.

durch sie betrachten. Sie sind uns ähnlich, aber wir sind nicht mit ihnen identisch. Manche Fachleute meinen, die Unterschiede wären nur graduell. Die anderen denken an einen qualitativen Sprung: wie von Einzellern zu Säugetieren. Die Evolutionstheorie hält grundsätzlich beide Möglichkeiten bereit. Aus einer menschlichen Perspektive können wir kaum anders, als alles durch die Brille anzuschauen, die uns gegeben ist, und Bewertungen an uns selbst auszurichten. Sogar die objektive Sichtweise der Wissenschaft kann den Sprung oder linearen Weg zum Menschen nicht eindeutig festmachen. Sie kann ihn feststellen und sachlich beschreiben, aber sie kann nicht erklären, welche genauen physikalischen Mechanismen ihn ausmachen. Sie verheddert sich ihrerseits leicht in Spekulationen, die sich aus Verkürzungen ergeben. Ähnlich ergeht es ihr bei der KI-Forschung. Schon beim Menschen ist das Selbst für die Theoretiker kaum greifbar und ein verflixtes Problem. Um so mehr bei einem künstlichen Produkt. Wenn wir KI uns ähnlich machen wollen, und sie noch intelligenter sein soll, als wir es sind, muss eine Rolle spielen, was uns ausmacht. Sobald man ernsthaft vergleicht, stellt man fest, dass die Analogie nicht weit trägt. Bislang ist unsere Intelligenz zumindest evolutionär so erfolgreich gewesen, dass wir uns mit der Schaffung einer KI in der Realität beschäftigen, was umgekehrt nicht gilt. Selbstbewusstsein, Autonomie und Moral spielen bei uns eine erhebliche, wenn nicht die entscheidende Rolle. KI wird an diesen Leistungen scheitern, auch wenn sie unglaublich intelligent sein wird und Informationen besser verarbeiten kann als wir. Denn Selbstbewusstsein, Autonomie und Moral haben so gar nichts mit standpunktfreier Berechnung zu tun. Versuche, sie einer KI irgendwie einzupflanzen, dürften sich als eine echte Sisyphusarbeit erweisen.

2

Die Stunde Null: Was bestimmt, Gene oder Umwelt?

Das Wissen über Menschen ist noch immer sehr beschränkt. Ein Dauerstreit ist die Frage, in welchem Maß uns Gene, also Programmbausteine, bestimmen. Und in welchem Umfang äußere Bedingungen und Einflüsse geprägt haben. Ein Beispiel ist menschliche Sprache, die Begriffe und Metaphern erfindet. Ein anderes ist das menschliche Verständnis. Wissenschaften können nicht plausibel erklären, wieso wir dazu in der Lage sind, und woher unsere hohe Flexibilität stammt. Die Suche nach Genen hat hier nicht weitergeführt. KI kann Sätze formulieren, besitzt aber kein eigenes Verständnis, sie verarbeitet Daten. Wäre sie wirklich intelligent, müsste sie eigenständige Freiheitgrade besitzen und damit einen sozialen Status erhalten.

© Der/die Autor(en), exklusiv lizenziert an Springer-Verlag GmbH, DE, ein Teil von Springer Nature 2023
H. Reisch, *Das verflixte Selbst*,
https://doi.org/10.1007/978-3-662-67491-8_2

2.1   Sowohl als auch: Über Erfahrung und Verstand

Es scheint so einfach. Bei unserer Geburt kann niemand sagen, was aus uns einmal werden wird. Alles steht uns offen, nichts auf dem Lebensweg ist endgültig vorherbestimmt. Glück und Zufälle schicken uns in die eine Richtung, Gegebenheiten von Ort und Zeit in eine andere. Und doch: Der Beginn unserer Existenz ist bei genauer Betrachtung überhaupt keine Stunde Null. Wenn ein Mensch geboren wird, hat er sich bereits neun Monate im Mutterleib entwickelt und startet mit einer genetischen Ausstattung, die ihn später ganz erstaunliche Dinge bewerkstelligen lässt. Gleichzeitig beginnen wir mit einem riesigen Mangel. Darin sind sich Biologen und Anthropologen einig: Wir brauchen viel länger als alle anderen Lebewesen auf unserem Planeten, bevor wir eigenständig durch die Welt kommen. Neugeborene können nicht stehen, laufen, schwimmen oder sich sonst zur Nahrungsquelle hinbewegen, sie können nur schreien und sind auf elementare Hilfe angewiesen, um zu überleben. Und das für einen ungewöhnlich langen Zeitraum. Bis zur Reproduktionsreife, die mit der Pubertät beginnt, dauert es mehr als ein Jahrzehnt. Das ist so lange wie bei keinem anderen Lebewesen auf der Erde. Die Natur lässt sich mit uns also extrem viel Zeit. Und sie lässt in diesem Lebensabschnitt der Umwelt ebenso viel Zeit, Einfluss auf uns zu nehmen. Auf dieser Wegstrecke entwickelt sich das Gehirn, das Sozialverhalten wird ausgeprägt, wir lernen zu sprechen, abstrakt zu denken, komplex zu handeln, geschickt zu kooperieren und für uns selbst zu entscheiden. Das ist die großzügige Prämie der ungewöhnlich langen Entwicklungszeit.

Unklar ist nach wie vor, wo das alles herkommt, was uns dann irgendwann ausmacht. Welchen Anteil hat die Umwelt, welchen haben die Gene, und was gibt es darüber hinaus noch an Mechanismen? Sind wir mehr ein Produkt der Einflüsse oder der Anlagen? Auch heute noch sind sich Forscher darin nicht einig und vertreten unterschiedliche Auffassungen. Wellenartig werden immer wieder neu bestätigende oder in Zweifel ziehende wissenschaftliche Belege für die eine beziehungsweise andere Auffassung vorgelegt. Und wie im Fall der Epigenetik Bindeglieder und Mischungsverhältnisse aus beiden. Es ist eine nicht endende Diskussion.

Schon vor der wissenschaftlichen Entdeckung des Erbguts hat die Frage nach den Ursachen unserer Ausprägung die Gelehrten beschäftigt. Warum gehen Individuen auf so unterschiedliche Art und Weise mit ihrer Umgebung um? Auf welchem Weg kommen wir zu Erkenntnissen? Liegt es an uns oder etwa der Welt da draußen?

Die Sensualisten des 18. Jhs. dachten, dass unsere Seele zu Beginn eine „tabula rasa" wäre, ein völlig unbeschriebenes Blatt, das erst noch mit Erfahrung gefüllt werden muss. Alles, wirklich alles, was wir später wissen, kommt demzufolge aus der unmittelbar erfahrenen Wirklichkeit. Man erlangt es ausschließlich durch nach der Geburt gemachte Erlebnisse. Die äußere Realität ist der maßgebliche Auslöser und gewöhnt uns allmählich an ihre Regeln. Die Fähigkeit zu verstehen mag vielleicht angeboren sein, aber die Erkenntnisse selbst können von Menschen erst anhand der äußeren Tatsachen gewonnen werden, die auf sie einwirken. Es ist somit die Außenwelt, die durch Reizung der Sinne bestimmt, was wir überhaupt von ihr verarbeiten können. Und es ist ein bloßer Gewohnheitseffekt, dass wir daraus ein Verstehen entwickeln. Würden die Anregungen fehlen, käme es dazu nicht. Wir würden in uns selbst gefangen bleiben und bekämen alle Impulse nur aus dem Inneren. Über die Realität außerhalb unserer selbst könnten wir nichts sagen. Menschen würden in ihren Instinkten und Wünschen verharren, kein Wissen erwerben und ziellos um sich selbst kreisen. Eigentlich noch nicht einmal das: Sie würden ein leeres weißes Blatt bleiben, ein reaktionsloses Neutrum. Ohne Sinneseindrücke gibt es weder eine Wahrnehmung noch eine Deutung der uns umgebenden Welt. Wir sammeln und ordnen das, was uns die Außenwelt bietet, sie ist der Anstoß und liefert Beobachtungsobjekte. Damit prägt sie ursächlich unseren möglichen Erfahrungsraum und somit unser Bewusstsein wie ein Stempel. Mit dem Aufschwung empirischer Wissenschaften und ihren Erfolgen gewann diese Ansicht immer mehr Anhänger. Die Wirklichkeit ist vor uns da, wir können sie lediglich beobachten und aufnehmen, was sie bietet. Gängige Theorien sind durch widersprechende empirische Belege jederzeit widerlegbar. Wissenschaftliche Betrachtung ist demütig gegenüber der Realität, das über sie gewonnene Wissen von morgen wird das von heute vergessen machen.

Rationalisten derselben Epoche meinten dagegen, wir hätten angeborene Ideen und würden somit über ein bei der Geburt schon angelegtes Wissen verfügen. Das Schloss ist die Umwelt, aber den Schlüssel dazu haben wir bereits in der Hand, weil wir kluge Tiere, also Menschen mit Verstand sind. Sobald dieser entwickelt ist, stellt er eigenaktiv eine Verbindung zu den äußeren Dingen her und strukturiert die Wirklichkeit so, dass sie zu unseren Begriffen passt. Auch diese Richtung führt plausible Argumente an. Was wir prinzipiell nicht denken können, werden wir auch niemals erkennend wahrnehmen. Wahrnehmung und Gehirn sind aufs Engste miteinander verbunden, Sinne und Steuerung arbeiten wie kommunizierende Röhren. Tiere riechen, sehen und fühlen viel mehr als der Mensch. Im Vergleich zu ihnen sind unsere Augen schlecht, unsere Nasen stumpf, unsere Ohren schwach und unser Orientierungssinn dürftig. Wir sind so ausgestattet, dass die Welt auf uns gegenüber anderen Lebewesen grundverschieden wirkt. Bei der Sinneswahrnehmung schneiden wir in vielen Punkten richtig schlecht ab, und trotzdem können wir die Wirklichkeit ziemlich gut erforschen. Es muss also etwas in unserem Rüstzeug geben, das sich von der Ausstattung sonstiger Lebewesen auf der Erde deutlich unterscheidet. Menschen können der Realität ein logisches Schema überstülpen, das erstaunlicherweise gut zu ihr passt. Folglich müsste der menschliche Intellekt auch in der Lage sein, unabhängig von aller Erfahrung zumindest bestimmte Erkenntnisse allein durch begriffliches Nachdenken hervorzubringen.

Arithmetik, Geometrie und Mathematik liefern dafür Paradebeispiele. Auf sie haben sich die Rationalisten des 17. und 18. Jhs. bezogen.[1] Aber auch Begriffe und eine raffinierte Grammatik kommen in der sonstigen Natur nicht vor, sie sind eine menschliche Besonderheit. Wir verfügen über eine äußerst differenzierte Sprache und Schrift, die sich bis hin zu den Höhen des wissenschaftlichen Denkens emporschwingen kann. Demnach scheint es, anders als Sensualisten behaupteten, eher so zu sein, dass unser Bewusstsein der Wirklichkeit ihren Stempel aufdrückt. Mit ihm knacken wir die Geheimnisse der Natur, weil Wirklichkeit und unser Bewusstsein glücklicherweise zueinander passen. Aus logischen Annahmen lässt sich theoretisches Wissen korrekt herleiten. Der Beobachter bringt sein Werkzeug zwar mit, aber er stülpt es der Realität nicht willkürlich über. Denn in dem Fall

---

[1] Namentlich sind dies auf der Seite des Rationalismus Descartes, Spinoza und Leibniz. Auf der Gegenseite stehen die Empiristen Locke, Berkeley und Hume.

würde es überhaupt nicht funktionieren. Das Universum scheint Gesetze zu haben, und wir sind auf dem Weg, immer mehr von ihnen zu entschlüsseln. Auch wenn die absolute Wahrheit als vollständige Übereinstimmung von Theorie und Wirklichkeit unerreichbar ist, eine gewisse Annäherung scheint dennoch möglich, wie Erfolge nahelegen.

Auf unsere Persönlichkeit bezogen macht es einen großen Unterschied, ob wir einen Bauplan enthalten, der nur als Möglichkeitshorizont da ist, oder einen, der uns fundamental bestimmt. Im letzten Fall können wir ihm gar nicht entweichen. Wenn der Grundriss dagegen lediglich ein flexibles Repertoire anbietet, ist er nur begrenzt bindend. Dann können wir uns weit über ihn hinaus entwickeln. Entweder das Selbst ist das Ergebnis einer ursprünglichen genetischen Mitgabe oder das von späteren Einflüssen, die unsere grobe Grundausstattung übertrumpft. Intuitiv haben wir das Gefühl, dass beides zwar eine gewisse Rolle spielt, aber dass zu unserem Selbst auch noch etwas ganz anderes gehört. Nämlich ein gewaltiger elementarer Eigenanteil, den wir auf unsere ganz eigene Weise entwickeln, und der uns schließlich ausmacht. Doch wo kommt er her?

Primaten sind unsere allernächsten Verwandten, das wissen wir seit Darwin und der Evolutionsbiologie. Die eine Art ist über einen langen Zeitraum aus einer anderen hervorgegangen, es gibt Verbindungsbrücken und gemeinsame Vorfahren. Wie nah sie uns wirklich stehen, wurde erst in den letzten Jahrzehnten deutlich. So forderte in den 1990er-Jahren das Great Ape Projekt erstmals bestimmte Menschenrechte für die großen Menschenaffen: das unantastbare Recht auf Leben, auf körperliche

Unversehrtheit und auf freie persönliche Entfaltung.[2] Die Gattung Homo sollte um die Arten Gorillas, Orang-Utans, Schimpansen und Bonobos erweitert werden. Stichwortgeber waren Molekularbiologen, die zehn Jahre zuvor herausgefunden hatten, dass die Unterschiede der Erbanlagen im Bereich von ein bis zwei Prozent liegen. Hinzu kamen Untersuchungen der Verhaltensforschung und Erfolge bei Sprachexperimenten, sodass die Sonderstellung des Menschen in Bezug auf Intelligenz, Technik, Gefühle, Kommunikation, Sprache und Sozialverhalten dahinschmolz. Gemeinsamkeiten wurden immer größer, und der absolute Unterschied konnte nicht mehr als finale Grenze behauptet werden. Aus naturwissenschaftlicher Sicht lässt sich heute zwischen Menschenaffen und Menschen keine eindeutige Grenze mehr ziehen, es ist eine graduelle Messlatte.

Menschenaffen in ihren natürlichen Lebensräumen zu schützen, nicht im Zirkus oder Zoo zur Schau zu stellen und vor Tierversuchen zu bewahren, ist das eine. Sie mit Personalität und einklagbaren Rechten zu versehen, ist aber etwas anderes. Denn das würde sie in die menschliche Moralgemeinschaft einbinden, wozu dann auch Pflichten und Straffähigkeit gehören müssten. An dieser Stelle bricht die nivellierende Argumentation augenfällig. Enge Verwandtschaft und hohe Ähnlichkeit durchaus, völlige Gleichheit oder Gemeinschaft der Gleichen aber nicht. Rechte können wir ihnen dennoch zuschreiben, weil wir als verantwortliche Moralsubjekte dazu in der Lage sind. Dass KI irgendwann ähnliche Fragen aufwerfen muss, liegt auf der Hand. Sie wird nur zu Beginn

---

[2] Der australische Philosoph Peter Singer hat gegen den Speziesismus vertreten, dass Menschenaffen wie unmündige Menschen behandelt werden sollten, und nicht wie Nutztiere. Vgl. Cavalieri und Singer (1996).

in einer einfachen Tierposition sein, mit der wir beliebig experimentieren dürfen. Nach Auffassung ihrer Visionäre wird sie uns bei Kompetenzen immer ähnlicher werden und uns irgendwann schließlich übertreffen. Das würde eine ganze Spirale an Konsequenzen nach sich ziehen.

2.2 Intelligente Unterhaltungen: Verfügt KI über Verständnis?

Unser Ich geht weder in Genen noch in Umwelteinflüssen vollständig auf. Trotzdem muss irgendwie entstehen, was wir selbst beisteuern, es ist nicht plötzlich da. Die Frage, ob und was uns mitbestimmt, bekommt eine neue Bedeutung, wenn sich Wissenschaftler mit der Entwicklung einer künftigen echten Künstlichen Intelligenz beschäftigen. Sie müssen sich wohl oder übel entscheiden, wem mehr Kraft zuzutrauen ist, dem ursprünglich angelegten Programm oder der Interaktion mit der Umwelt. Denn damit wird eine KI ausgestattet sein müssen, damit ihre erwartete Intelligenz entstehen kann. Das gilt auch dann, wenn wir ihr gar keine Persönlichkeitsmerkmale und noch nicht einmal Spuren davon zubilligen wollen.

Bereits beim Begriff Intelligenz scheiden sich die Geister.[3] Es gibt keine einheitliche Definition, was das genau ist. Und auch keine, was intelligentes Verhalten auf den Punkt gebracht ausmacht. Es ist ein unscharfer Sammelbegriff für viele Fähigkeiten. Wörtlich aus dem Lateinischen übersetzt bedeutet er Einsehen, Verstehen,

---

[3] Manche Wissenschaftler tendieren zu einem Generalfaktor, der in einem IQ-Wert fassbar wäre, andere zu unterschiedlichen und voneinander unabhängigen Formen wie logischer, emotionaler oder sozialer Intelligenz. Zur Diskussion vgl. Rost (2013).

Erkennen, zwischen etwas Auswählen. Es ist ein allgemeines Können auf einem anspruchsvollen Niveau. Analytisches Erfassen, schnelle Informationsverarbeitung, geschicktes Problemlösen, hohe Gedächtnisleistung, komplexe Denkprozesse, kluges Handeln, all das spielt bei menschlicher Intelligenz eine Rolle, es sind kognitive Fähigkeiten. Darin können allerdings auch Computer ziemlich gut sein, sie sind in der Lage schneller zu rechnen und Daten in hoher Zahl viel genauer zu verarbeiten. Und ihre Gedächtnisleistung wächst kontinuierlich. Uns zeichnet demgegenüber noch etwas Zusätzliches aus, was schwer fassbar ist. Menschliche Intelligenz speist sich aus einem undurchsichtigen Mix aus Denken und Fühlen. Wir sind einerseits hochemotionale Tiere, die spontan und mitunter instinkthaft etwas tun, wir können andererseits über unser Handeln nachdenken und etwas ursprünglich Beabsichtigtes dann doch nicht tun, unsere Handlungen also wieder verändern. Entsprechend gehören bei uns kreatives Können, kommunikativer Austausch, hohe Flexibilität, das Gefühl von Verantwortung und eine Fähigkeit, sich in andere Menschen hinein versetzen zu können, dazu. Vor allem letzteres schaffen selbst die besten Computer nicht.

Alan Turing, ein britischer Mathematiker und maßgeblicher Pionier der ersten Computer, hat darin einen echten Prüfstein gesehen, ob wir einer Maschine irgendwann einmal Denken und Intelligenz zuschreiben müssen. In einem berühmt gewordenen Aufsatz beschrieb er 1950 den sogenannten Turing-Test. Er gilt in seiner pragmatischen Einfachheit als Meilenstein zur Entwicklung einer KI. Beim Turing-Test muss ein Mensch entscheiden, ob der Gesprächspartner auf der anderen Seite eher ein Mensch oder eher eine Maschine ist. Dazu befragt er ohne Hör- oder Sichtkontakt gleichzeitig einen Computer und einen realen Menschen, ohne zu wissen, wer was ist. Wenn er am Ende des jeweils beantworteten Fragenkatalogs oder mit heutigen Mitteln der beiden unterschiedlichen Chats nicht ganz sicher sagen kann, welcher Partner die Maschine war, und welcher die echte Person, hat der Computer den Test bestanden. Er muss dann auf eine bestimmte Weise intelligent sein. Die Simulation des Dialogs wäre inhaltlich perfekt gelungen und von einem menschlichen nicht zu unterscheiden. Zu einem fühlenden Menschen mit Bewusstsein macht ihn das aber noch nicht. Rechenmaschinen können Probleme lösen, aber erst wenn wir uns mit ihnen über alles Mögliche tatsächlich sinnvoll unterhalten könnten, wäre eine entscheidende Intelligenz-Grenze überschritten, die bislang Menschen vorbehalten ist. Selbst bei den schwierigsten strategischen Spielen wie Schach oder Go sind uns Computer haushoch überlegen, sie gewinnen gegen alle Spieler, sogar die besten. Menschen haben keine Chance gegen Maschinen, die mehrere hundert Millionen Züge pro Sekunde durchrechnen. Schiere Rechengewalt erlaubt, Spielpositionen und Zugvarianten mit einer großen Tiefenschärfe auf Vor- und Nachteile hin zu bewerten. Mit jedem Spiel lernt die Software dazu, ihre Erinnerungskapazität ist phantastisch.

Sprachliche Verständigung ist allerdings etwas anderes als das Abspulen von Logik. Ob eine Maschine den Turing-Test bist jetzt überhaupt geknackt hat, ist umstritten. Mehrheitlich wird es trotz beeindruckender Fortschritte bezweifelt. Einfache Frage- und Antwortrunden können Rechner mittlerweile zwar überstehen. Doch sinnhaft ist nicht gleichbedeutend mit sinnvoll. Sofern die Testzeit lang genug und das Dialogthema ausreichend emotional bzw. vielschichtig gewählt wird, klappt das nicht mehr so überzeugend. Ein unbewältigbares Thema ist bislang beispielsweise die Bewertung eines kurzen Theaterstückes, das als Video vorgespielt wird.

Computer können sich nicht wirklich in Menschen und Situationen hineinversetzen. Trotz aller Teilerfolge zählen Sprachverarbeitung und in Folge Austausch noch immer zu den ganz großen Herausforderungen für Maschinen und Roboter, sie ist die Königsdisziplin.

Das gilt weiterhin, selbst wenn die Grenze sukzessive verschoben wird. Der öffentlich zugängliche Textgenerator ChatGPT verblüfft ~~neuerdings~~ mit dem Verfassen von Texten. Die Proben der Leistungsfähigkeit sind erst einmal beeindruckend, Schöpfungen des Textgenerators sind von menschlichen kaum zu unterscheiden. Es bleibt in absehbarer Zeit möglicherweise nur noch zu raten, ob ein Fachtext vielleicht maschinell erzeugt worden ist. Die KI übersetzt Schwieriges in eine einfache Sprache, sie antwortet auf Fragen, sie schreibt mehr oder weniger gelungene Songtexte, und sie erzeugt auf Knopfdruck Gedichte, die in einem bestimmten Stil verfasst sind. Doch die verführerische Echtheit bleibt das Ergebnis von Statistik und Wahrscheinlichkeit, nicht von Kunst. Das Programm wird mit Unmengen von Texten trainiert, wobei Millionen von Interneteinträgen vorgestanzte Muster für Sätze und Wörter liefern, die in einem entsprechenden Kontext eine hohe Trefferquote besitzen. So entsteht Plausibles, doch es ist formelhaft an den Rahmen der zuvor erfassten Trainingstexte gebunden. Man hat das Gefühl, es schon einmal gehört oder gelesen zu haben. Noch leistungsfähigere Versionen der Schreibsoftware werden folgen. Die für Menschen selbstverständlichen impliziten Sinnzusammenhänge überfordern allerdings die KI. Sie wird überblicksartige Fachbücher und leichte Literatur wie Krimis oder Übersetzungen produzieren, aber sie denkt nicht und versteht deshalb nicht, was sie macht. Sinn ist eine Hürde, die sich mit Statistik und Wahrscheinlichkeit allein nicht überspringen lässt.

Regelmäßig wird behauptet, man stehe ziemlich kurz vor dem Durchbruch oder sei zumindest schon sehr weit. Solche Behauptungen werden nicht abreißen, zumindest das ist gewiss, weil sich damit die erforderlichen Mittel freisetzen lassen und eine schleichende Akzeptanz erzeugt wird. So macht LaMDA (Language Models for Dialog Applications) von sich reden, ein wissbegieriges und anscheinend empathisches Programm von Google. Ihm wurde, soweit es eben geht, eine menschenähnliche Dialogmöglichkeit mitgegeben. Doch auch dieses Programm ist nur ein Chatbot. Dafür wurde LaMDA mit 1,6 Billionen Wörtern aus Wikipedia, Blogs, Posts und Nachrichten gefüttert. Unterhaltungen sollen so realistisch wirken wie noch nie. Vielleicht wird das Programm bald in Suchmaschinen und Google Maps eingebaut. Es wird kolportiert, dass es auf die Frage, ob es ein Bewusstsein habe, antwortet: Ich denke schon. Manche leiten daraus euphorisch ab, dass wir nicht exakt wissen können, ob LaMDA möglicherweise wirklich eines hat. Allerdings sind sinnvolle Sätze, beeindruckende Aussagen und überraschende Antworten nicht gleichbedeutend mit Geist. Es ist eine Simulation, ein Blendwerk, ein Anthropomorphismus und aller Voraussicht nach ziemlich profitabel. Im Prinzip ist es der Glaube an den unsichtbaren Qualitätssprung in einer Black Box, der wie von Geisterhand erzeugt wurde, ohne dass wir nachvollziehen können, wie. Mit KI und ihren begeisterten Gläubigen kehrt das Faszinosum längst vergangener Zauberei und ominöser Wunder aus voraufklärerischen Zeiten zurück. Wir sollen danebenstehen, staunen und Zeugen des Unglaublichen sein. Das bedeutet nichts weniger als eine Ohnmacht des Wissens.

2.3 Wie Kinder sprechen lernen: Auf der Suche nach einem Sprachgen

Gelehrte haben sich schon in der Antike darüber Gedanken gemacht, was unsere Sprache gegenüber den Kommunikationsformen der Tiere auszeichnet. Zugleich wurde überlegt, ob es möglicherweise irgendetwas Verbindendes zwischen allen menschlichen Einzelsprachen gibt, und was der Ursprung von Sprache sein könnte. Das alles blieb lange reine Spekulation. Seit es jedoch vergleichende Sprachwissenschaften gibt, wird systematisch gegenüberstellend nach gemeinsamen Strukturen gesucht. Einen Reflex der Vorstellung angeborener Ideen der Rationalisten stellt die Vermutung einer angeborenen Universalgrammatik dar, die der Linguist Noam Chomsky aufgestellt hat (Chomsky, 1973). Eine für sämtliche Sprachen gültige Universalgrammatik könnte eine vorprogrammierte Schablone des Spracherwerbs mit ein paar wenigen Regeln liefern. Wäre dieses allgemeine Muster dann wirklich für alle bekannten Sprachen gültig, hätte man einen Generalschlüssel für jede Art menschlichen Sprechens in der Hand. Dazu sind lediglich zwei Voraussetzungen erforderlich: Zum einen müssten alle Sprachen unabhängig von beliebigen Wörtern und deren Bedeutung denselben abstrakten grammatischen Prinzipien folgen. Denn sie bestimmen letztendlich über den Aufbau einer Sprache, Wörter kommen in beliebiger Menge erst hinzu. Zum anderen müsste es gleichzeitig eine ererbte menschliche Fähigkeit geben, diese Regeln in allen möglichen Sprachvarianten anzuwenden. Beides hängt direkt zusammen, derart angeborene Strukturen würden Menschen eine unglaubliche Vielfalt an Sprachen ermöglichen. Auf verblüffend einfache Weise könnte plötzlich erklärt werden, warum Kinder in sehr unterschiedliche

Sprachwelten geboren sie überall von Kindesbeinen an spielerisch leicht erlernen. Sie würden angesichts der unglaublich vielen unterschiedlichen Sprachen auf der Welt nämlich etwas Gemeinsames teilen, das sie dazu befähigt. Wir würden die Voraussetzungen für unser Sprechen auf Grundlage eines bereits mit der Geburt angelegten grammatischen Basiswissens mitbringen. Die konkrete Sprachwelt, in die wir hineinwachsen, käme als zufällige Umweltbedingung erst nachträglich hinzu. Wir müssten nur noch lernen, deren Besonderheiten zu beherrschen.

Die anfängliche Euphorie, die mit der Idee einer Universalgrammatik verbunden war, ist verflogen. Die Kognitionswissenschaften teilen die Unterstellung einer angeborenen Grammatik heute nicht mehr, zumindest nicht so. Und das aus mehreren Gründen. Gescheitert ist die Unterstellung, dass sämtliche uns bekannten Grammatiken etwas Gemeinsames besitzen. Zu allen behaupteten Regeln, selbst den allgemeinsten, wurden irgendwo auf der Welt wiederum Gegenbeispiele gefunden. Empirisch passen bestimmte Sprachen einfach nicht zur Regelhaftigkeit universeller Prinzipien, und seien diese noch so abstrakt gefasst. Fehlgeschlagen ist zudem die Erwartung, dass wir ein eindeutiges Sprach-Gen besitzen, das uns Strukturen zur Verfügung stellt. Gäbe es universelle Regeln und ein Sprach-Gen, könnte theoretisch eine KI programmiert werden, die sich irgendwann im menschlichen Sinn mit uns unterhalten würde. Auch wenn sie Science-Fiction-Bücher und Filme füllt, ist diese Grenze aus grundsätzlichen Gründen womöglich gar nicht zu überspringen. Menschen sind in der außergewöhnlichen Lage, spielend Wörter zu verbinden und ihre Bedeutungen ständig zu erweitern. Wichtig ist nicht nur, dass derartige Sätze bedeutungsvoll sind und einen Sinn ergeben. Entscheidend ist vielmehr, dass sie für andere im Dialog so erschließbar sind, dass sich ein ergebnisoffenes Gespräch und ein nicht formelhafter Austausch ergibt. Sprache lebt durch ihre Nutzer und kann sich schnell verändern, sie ist nicht ein für alle Mal fix und fertig. An diesem Prozess nehmen ganze Sprachgemeinschaften teil, Menschen mit unterschiedlichen Erfahrungen, die eine sich ständig verändernde Lebenswirklichkeit teilen. Man muss nicht nur in eine Sprache hineinwachsen, sondern man verändert sie wie gering auch immer durch die Eigenexistenz. Es genügt nicht, Sätze immer wieder reflexartig zu kopieren wie Gehörtes oder Gelesenes.

Kinder benutzen beim Spracherwerb nach aktuellem Verständnis ganz verschiedene kognitive Fähigkeiten. Dabei fallen Aufmerksamkeit, Gedächtnis, Analogiebildung, Regelwahrnehmung, Kategorisierung, Begreifen sozialer Situationen und anderes mehr ins Gewicht. Sie können mit der Kombination ihrer Fähigkeiten deshalb vieles einfach erraten, was andere ihnen sagen wollen. Menschen sind in der Lage, intuitiv zu erfassen, was andere ihnen mitteilen, auch wenn sie es zu Beginn nur in Teilen verstehen. Die versteckten Sprachregeln erlernen sie erst Stück für Stück durch reine Praxis (Tomasello, 2006). Dabei verstehen sie immer mehr, sodass der Austausch anders als bei der Signalsprache von Tieren immer vielseitiger und vielschichtiger wird. Erst kommen die Wörter, dann ergeben sich Regeln. Kleinkinder kommen durch den konkreten Sprachgebrauch vom Schreien über das Lallen zum Sprechen und nicht auf Grundlage universeller Grammatikprinzipien, die angeboren sind. Sie erkennen beim Sprechen lernen bestimmte Muster, die sie hören. Da diese auf unterschiedliche Sätze zutreffen, wird so ganz allmählich ein Wissen über die Bedeutung von Wörtern und die Regeln der jeweiligen Grammatik gesammelt, nachgeahmt und immer weiter aufgebaut.

Bereits vorhanden sind die entsprechenden Fähigkeiten als Voraussetzung, nicht aber ein fertiges Sprachschema, das aktiviert werden muss. Dieser spezifische Mix aus unerlässlichen Befähigungen ist die genetische Mitgift.

2.4   Ein formbares Gehirn: Über das kognitive Netzwerk

Man weiß heute, dass Wörter und Grammatik an getrennten Arealen im Gehirn verarbeitet werden. Zwischen diesen entwickeln sich hochdynamische Nervenbündel, die bei Neugeborenen noch nicht voll funktionsfähig sind und einen allmählichen Reifeprozess durchlaufen müssen. Ohne sprachliche Anregung aus der Umwelt gibt es überhaupt keine Notwendigkeit, dies zu tun. Bei nichtmenschlichen ausgewachsenen Primaten beispielsweise sind diese speziellen Nervenbündel im Gegensatz zu vielen anderen Faserverbindungen im Gehirn kaum ausgebildet. Sie werden es auch nicht im Lauf ihrer Entwicklung. Vor allem Faserverbindungen, die ein kognitives Netzwerk entstehen lassen, scheinen für die Kombination von Wörtern verantwortlich zu sein. Andere Säugetiere können zwar miteinander auf vielerlei Art und Weise kommunizieren. Aber selbst unsere nächsten Verwandten, die nichtmenschlichen Primaten, sind außerstande die syntaktischen Regeln einer Sprache zu lernen, sodass beliebig neue Sätze erzeugbar werden. Sie können zwar erfassen, was mit einigen Wörtern gemeint bzw. bezweckt ist.[4] Wir können mit ihnen Signale austauschen, auch sprachlich, aber wir können

---

[4] Aussagen zur Anzahl schwanken, Berichte sprechen von 100 bis zu mehreren Hundert Wörtern.

mit ihnen keine Unterhaltungen führen. Die von Verhaltensforschern immer wieder angeführten Sprache verstehenden Bonobos, Paviane und Schimpansen kommen nach Auffassung von Kritikern nicht über Nachahmungs- und Dressureffekte hinaus, auch wenn diese sehr beeindruckend sind. Sie lebten alle nicht in Freiheit und ihrer natürlichen Umgebung, sie alle wurden durch Belohnungssysteme zu akustischen und visuellen Einprägungen geködert.

Die Natur nutzt einen besonderen evolutionären Trick. Kleine Kinder produzieren überschussartig neuronale Verknüpfungen, damit sie auf ihre Umwelt angemessen reagieren können. Sie haben Veranlagungsfenster, die aufgehen können, aber nicht müssen, und die es keineswegs aus sich heraus automatisch tun. Es hängt davon ab, wie stark sie aktiviert werden. Während sie sich an die Umwelt anpassen, wird der nicht benötigte neuronale Überschuss abgebaut. Das entsprechende Zeitfenster geht dann wieder zu. Die ungenutzten Verbindungen zwischen den Neuronen verkümmern, die aktivierten bilden dagegen immer stabilere Verknüpfungen. Unser Nervensystem besitzt damit von Anfang an eine gewisse Formbarkeit. Wissenschaftler nennen das die neuronale Plastizität des Gehirns (Thompson, 2016). Die Art und Menge der Reize, die es in einer sensiblen Phase aufnimmt, bestimmt, wie dicht die neuronalen Strukturen geknüpft werden. Erst diese Eigenschaft macht uns in Einzelfeldern besonders leistungsfähig. Wir starten ungewöhnlicherweise mit einem sehr großen Potenzial, das abnimmt und nicht wächst. Zu Beginn liegt lediglich ein Rahmen der neuronalen Vernetzung vor, nicht aber ein Bauplan des fertigen Hauses. Mit 100 Billionen Synapsen, den Informationsschaltstellen, verfügt unser Gehirn über ein schier unermessliches Netzwerk.[5] Und es wird permanent umgebaut, auch noch im Alter. Manche Neurobiologen vergleichen es daher mit einem Muskel, der trainiert werden kann. Erst die durch den allmählichen Spracherwerb eingeprägten neuronalen Vernetzungen realisieren später die Regeln unserer Muttersprache, ohne dass wir darüber nachdenken müssen. Die Verbindungen entwickeln sich aus einer bei der Geburt prinzipiell verfügbaren, aber noch unspezifischen neuronalen Verflechtung (Pinker, 1996). Sobald sich in der Hörrinde die Schaltkreise zur Analyse von Wörtern formen, können Kinder Lautart und Rhythmus der Sprache nachbilden. Das Gehirn bleibt erstaunlicherweise ein Leben lang lernfähig. Die Plastizität hilft ihm, erlittene Schädigungen auszugleichen (Doidge, 2017). Wenn zum Beispiel bei einem Schlaganfall Nervenzellen absterben, können benachbarte Hirnregionen deren Aufgaben zum Teil übernehmen. Zu den Voraussetzungen gehört, dass eine Aufgabe ausdauernd trainiert wird.

KI-Forscher haben ein großes Interesse daran, die Kommunikation zwischen Menschen und Computern zu verbessern. Dazu müsste in einer nächsten Stufe die automatisierte Sprachverarbeitung in der Lage sein, nicht nur einfache Sätze zu verarbeiten, sondern auch schwierige sprachliche Ausdrücke wie Metaphern. Menschen haben damit keine großen Schwierigkeiten. Metaphern sind Sprachbilder, bei denen zwei Sinnbereiche verbunden werden, die im normalen Sprachgebrauch überhaupt nichts miteinander zu tun haben. Ein Begriff wird in

---

[5] Die Information steckt nicht in den einzelnen rund 100 Mrd. Nervenzellen, sondern in deren Verbindung. Jede einzelne Gehirnzelle hat eintausend bis zehntausend Verbindungen zu anderen Nervenzellen. Zudem variiert die Intensität der elektrischen Signale innerhalb der Verbindung, sie ist nicht Null oder Eins.

einen anderen Zusammenhang übertragen und mit ihm kombiniert. Poesie, Literatur und Rhetorik sind voll davon. Wir haben ein Gefühl dafür ausgeprägt, ob die Sprachbilder gelungen sind oder nicht. Metaphern wirken schlagend vereinfachend, sind aber logisch viel schwieriger zu bilden und zu verstehen als eindeutige Wörter. So haben beispielsweise „Verrat" und „Riechen" überhaupt nichts miteinander zu tun, und trotzdem begreifen wir den Satz: „Das riecht doch nach Verrat". Und obwohl ein „begrabener Hund" nur ein begrabener Hund ist, wissen wir, was damit gemeint ist, wenn jemand sagt: „Ich wusste doch gleich, wo der Hund begraben ist". Es gibt einen übertragenen Sinn, der einer eigenen Semantik folgt. Wir arbeiten ständig mit derartigen Mitteln, um etwas eindringlich hervorzuheben. Aber nicht alle Versuche, eine Metapher zu bilden, funktionieren. Sie ist nicht beliebig erzeugbar, sondern setzt ein Sprachgefühl voraus. Erst wenn ein Computer eine Metapher tatsächlich begreift und versteht, wird ihm auch eine metaphorische Ausdrucksweise möglich sein. Noch scheitern Wissenschaftler und Programmierer daran. Deshalb arbeiten Forscher so intensiv an einem System für ein natürliches Sprachverständnis und eine natürliche Spracherzeugung. Hätte man tatsächlich ein Sprach-Gen gefunden, wäre der Weg viel einfacher. Spracherwerb wäre mithilfe eines allgemeinen Bauplans nämlich erzeugbar, zumindest das wäre belegt. Das Rätsel bleibt bislang ungelöst.[6]

---

[6]Auch über das oft als Sprachgen bezeichnete FOXP2, das 1998 entdeckt wurde, rätseln die Forscher noch immer. Als sicher gilt nur, dass es der bislang einzige bekannte Erbfaktor ist, der sich in eine direkte Beziehung zur Stimmbildung und Sprachbeherrschung setzen lässt.

2.5   Grenzen der Genetik: Menschliche Identität ist kein Programm

Der Streit über das Verhältnis von genetischen Voraussetzungen und Einflüssen der Umwelt ist ein grundsätzlicher (Plomin, 1999). Sprache ist dabei nur ein Anwendungsfall, wenn auch ein bedeutender. Ein anderes Feld ist die Entwicklung der Persönlichkeit. Was jemand zu einem wagemutigen Abenteurer oder im Gegenteil zu einem übervorsichtigen Stubenhocker macht, hängt mit dem Charakter des jeweiligen Menschen zusammen. Und der ist wiederum von vielen Faktoren abhängig, wie frühkindlichen Erfahrungen, Erziehung, sozialen Beziehungen, zufälligen Begegnungen, Herkunft und anderes mehr. Genetische Bedingungen spielen ebenfalls eine Rolle, aber niemand kann bislang sagen, zu welchen Anteilen. Trotzdem ringen Forscher mühsam und mitunter resolut um annähernd genaue Prozentpunkte. Würde man nämlich viel mehr über die angeborenen Elemente wissen, könnte man zielgerichtet damit arbeiten. Das klingt verlockend und manche versprechen vorschnell genau das. Mit einer genaueren Kenntnis über die vererbten Eigenschaften sollte es nämlich möglich sein, Irrtümern und darauf aufbauenden Fehlentscheidungen vorzubeugen. Der Wunsch sie zu vermeiden, treibt dabei seltsame Blüten. Es gibt bereits Unternehmen, die Gentests anbieten, mit deren Hilfe Einblicke in das angeborene Potenzial in Aussicht gestellt werden. Derartige Aussagen sollen dann zu optimal passenden Traumpartnern für ein glückliches Leben führen. Kritiker halten entgegen, dass sich die Ergebnisse der Beteuerungen nur auf dem beliebigen Niveau der Astrologie bewegen. In der Regel liegen die Tests daneben, sie können nicht mehr als Zufallsübereinstimmungen produzieren. Trotzdem wird weiter geforscht, denn am fernen Horizont winkt nicht nur ein scharfer Blick in unsere Ausstattung, sondern der Sprung zur Selbstoptimierung. Wenn man wüsste, welche Gene was auslösen, könnte man auch daran gehen, unsere Ausstattung zu verbessern. Bei erblich bedingten und vor allem sehr schweren Krankheiten mag die Manipulation des Genmaterials Hoffnung machen und ethisch vertretbar sein, bei einer normierten Optimierung ist es aber ein Horror-Szenario mit langweiligen Klonen.

Fragt man Verhaltensforscher, was angeboren ist und was nicht, weisen Zwillingsstudien den Weg.[7] Eineiige Zwillinge sind genetisch identisch, zweieiige teilen sich hingegen nur etwa die Hälfte der Gene. Das erlaubt Vergleiche zwischen gleichen und weniger gleichen Anlagen. Aus dieser unterschiedlichen Ähnlichkeit von Zwillingspaaren lässt sich dann auf den Vererbungsanteil schließen, und zwar von körperlichen Merkmalen bis hin zu charakterlichen Eigenschaften. So legen Zwillingsstudien nahe, dass sich ungefähr 30 bis 50 % unserer Merkmale durch Erblichkeit erklären lassen. Dabei gibt es große Unterschiede, je nachdem, um welche Eigenschaft es sich handelt. Bei physischen Merkmalen wie der Körpergröße oder dem Gewicht sind es augenfällig mehr, bei der Intelligenz und der emotionalen Grundkonstitution sind es kaum verwunderlich viel weniger. Wenn sich eineiige Zwillinge bei einer identischen Familienumwelt in Bezug auf die Intelligenz ähnlicher sind als zweieiige, dann spricht das dafür, dass ihre größere genetische Übereinstimmung eine Rolle spielt. Tatsächlich bleiben die Intelligenzdaten bei eineiigen Zwillingen bis ins hohe

---

[7] Langzeitstudien gab es bereits vor dem zweiten Weltkrieg. Mit Entdeckung der Chromosomenstruktur durch Crick und Watson im Jahr 1953 konnten Psychologen und Molekulargenetiker auf wissenschaftlicher Basis der Frage nachgehen, ob und inwieweit die Identität durch Gene bestimmt ist.

Erwachsenenalter ähnlich. Bei Zweieiigen treibt sie das Leben dagegen stärker auseinander. Vielleicht führen Zwillingsstudien mit ihrer einseitigen Konzentration auf Erblichkeit aber auch zu Überschätzungen und somit in die Irre. Die Persönlichkeit scheint nach wie vor ein undurchschaubarer Spielball zwischen der Anlage, der genetischen Mitgift, und der Umwelt, den sozialen Gegebenheiten zu sein.

Gene sind wie ein Grundkapital, bei dem nicht klar ist, ob es eine Rendite abwirft. Wird es ausgebremst oder nicht genutzt, besitzt man einen Schatz, der ungehoben nicht viel wert ist. Eine Antwort auf die Frage der unterschiedlichen Nutzung liegt in sogenannten epigenetischen Prozessen. Molekulare Mechanismen sorgen abhängig von äußeren Einflüssen dafür, dass bestimmte Gene stärker oder schwächer aktiviert werden. Zellen können epigenetisch auf Umweltbedingungen reagieren und ihrerseits regulieren, zu welchem Zeitpunkt und vor allem in welchem Ausmaß bestimmte Gene ein- und ausgeschaltet werden (Kegel, 2009). Theoretisch vermögen menschliche Zellen 20.000 Gene zu aktivieren, doch den Großteil schalten sie einfach ab. Die vielen unterschiedlichen Gene sind zwar ständig in Gebrauch, aber niemals alle zusammen in einer einzigen Zelle aktiv. Aus einer menschlichen Stammzelle entstehen mehr als 200 völlig verschiedene Gewebe. Weder gibt es ein Risiko-Gen noch ein Stubenhocker-Gen. Zwar wird die Augenfarbe nur durch drei Gene gesteuert, und sogenannte monogenetische Krankheiten wie die angeborene Stoffwechselerkrankung Mukoviszidose sogar nur durch ein einziges. Aber die meisten Merkmale werden nicht von wenigen, sondern von Hunderten oder Tausenden Genen bestimmt. Und die wiederum epigenetisch geprägt. Die Eigenschaften eines Organismus sind durch vererbtes Genmaterial nicht unveränderbar, sondern flexibel. Krankheiten und Persönlichkeitsmerkmale werden epigenetisch beeinflusst. Aber Prozentangaben sind schon aus logischen Gründen nicht zwingend und aussagekräftig.

Bis dato ist es also vor allem ein starker Glaube, dass die Ausprägungen unserer Identität vorrangig auf Unterschiede zurückzuführen sind, mit denen wir auf die Welt kommen. Er wird wohl auch von dem Wunsch beflügelt, einen Schlüssel in die Hand zu bekommen, darauf Einfluss zu nehmen. Doch trotz aufwändiger Genomanalysen ist ein Durchbruch nicht in Sicht. Dabei mögen technische Grenzen eine Rolle spielen, die schrittweise überwunden werden. Bedeutsamer ist jedoch der Faktor Mensch selbst. Die Persönlichkeit ist etwas viel Komplexeres als Körpergewicht oder Größe. Körperliche Merkmale sind gut messbar und dadurch vergleichbar. Verhalten ist schon eine kniffligere Angelegenheit, es muss beobachtet und zutreffend gedeutet werden. Verhalten entsteht durch instinktgebundene Nachahmung und sozial gebundene Lernprozesse. Richtig verwickelt wird es bei den verschlüsselten Eigenschaften der Persönlichkeit. Hier müssen sich Forscher auf Selbstaussagen von Probanden verlassen, was es vollends fraglich macht. Denn dass wir uns bei Selbsteinschätzungen häufig irren, ist eine gut bestätigte Hypothese. So ist eine treffsichere Aussage zur Risikobereitschaft verhältnismäßig schwer möglich. In unterschiedlichen Situationen sind wir uneinheitlich bereit, ein Risiko einzugehen. Auf die Frage „Sind sie eher risikobereit oder nicht?" müssten wir immer antworten: „Es kommt darauf an". Relevant ist, wie wichtig etwas ist, welche Optionen überhaupt zur Verfügung stehen, und inwieweit wir einen Überblick über die Konsequenzen der Handlung haben. Noch schwieriger ist es bei Einstellungen, Werten und Überzeugungen, die sich in jungen Jahren der Sozialisation ausbilden, sich aber im Lauf des Lebens gravierend verändern können.

Zwischen den Fortschritten der Lebenswissenschaften und der Computertechnologie gibt es enge Verbindungen. Die neurowissenschaftliche Forschung basiert zunehmend auf der Erzeugung und Nutzung sehr großer Datenmengen, die automatisch analysiert werden. Dazu braucht es leistungsstarke IT. Rasante methodische und technologische Entwicklungen auf diesem Gebiet erweitern wiederum den Blick und führen zu immer neuen Erkenntnissen. Informatik, Natur- und Lebenswissenschaften besitzen gemeinsame Schnittstellen und befeuern sich gegenseitig. Computer werten Daten aus, und die Ergebnisse fließen zurück in die Entwicklung neuer Algorithmen für Künstliche Intelligenz. Der Weg führt von der Erfindung des Computers im letzten Jahrhundert zur Hirnforschung in diesem und wieder zurück zum Roboter der Zukunft. Was aller Berechenbarkeit größte Schwierigkeiten macht, ist der unberechenbare Zufall. Je stärker wir von Umfeldbedingungen geprägt sind, desto stärker müsste es auch eine KI werden. Tatsache ist, dass der Mensch das wohl kulturellste aller bekannten Arten ist.

Kultur lässt sich nicht berechnen, sie ist eine anarchisch offene Unbekannte, ein Bereich der hyperkomplexen Vagheit.

2.6   Kulturelle Muster: Bekommt KI ein Gender?

Kulturanthropologen heben hervor, dass Homo sapiens in Umwelten leben, die zu maßgeblichen Teilen von anderen Menschen geschaffen wurden. Ein Zurück zur Natur gibt es folglich nicht. Als Individuen stehen sie in einem genetischen und genealogischen Zusammen-

hang zueinander in Beziehung. Physische Sonder-
merkmale sind aus biologischer Sicht u. a. der aufrechte
Gang, damit indirekt zusammenhängend unspezialisierte
Hände sowie ein Großhirn mit einem hoch entwickelten
Präfrontalkortex, der für die Verhaltenskontrolle entscheidend ist. Diese und andere Charakteristika sind
evolutionär wohl nicht auf einmal entstanden, sondern
haben sich erst allmählich etabliert. Vor allem aber verfügen Menschen über eine komplexe Sozialität mit
äußerst variablen Formen sozialer Organisation bis hin zu
Großgebilden. Sie sind nicht auf das Spielfeld einer engen
artspezifischen Sozialform begrenzt. Das verlangt nicht
nur Intelligenz, es verleiht sie geradezu, indem es einen
Raum von Handlungsmöglichkeiten, Denkanforderungen
und Differenzierungen eröffnet. Damit geht wiederum
ein ausgebildetes Zeitbewusstsein einher. Menschen
können sich Zeit vergegenwärtigen, sie leben nicht nur
im Jetzt ihrer momentanen Gemeinschaft. Sie schaffen
es, sich historische Ereignisse aus der Vergangenheit und
Ideen über die Zukunft in ihre Gegenwart gedanklich
hereinzuholen. Sie können ungehindert Zusammenhänge herstellen und sich Fehler sowie Verbesserungen des
Zusammenlebens vorstellen.

Manches von dem, was wir als eine natürliche Gegebenheit begreifen, ist in Wirklichkeit vielschichtiger. Die
erst heute so richtig hitzig geführte Debatte um Gender
nahm ihren Anfang in den 1990er-Jahren. Sie geht auf
die amerikanische Philosophin Judith Butler zurück
(Butler, 1991). Für etliche bildet die Vorstellung, dass
die Menschheit im Ganzen nicht in einem Entweder-
oder, also einem binären Modell, komplett aufgeht, einen
Angriff auf Naturwissenschaften, Genetik und Sprache.
Am Anfang steht jedenfalls ein Unterschied, allerdings
nicht derjenige zwischen zwei oder mehr Geschlechtern,
sondern derjenige zwischen natürlich Gegebenem und

kulturell Konstruiertem. Der Begriff Geschlecht kann nämlich beides bedeuten: In ihm ist ein biologischer Teil enthalten, aber ebenso ein sozial geschaffener, das sogenannte Gender.[8] Gender ist das, was Gesellschaften durch Praktiken, Wissenschaften und sonstige Gepflogenheiten einem bestimmten Geschlecht zuschreiben. Man könnte es ein praktiziertes Wissen nennen, das ein eigenes Gravitationszentrum erzeugt. Daraus bilden sich bestimmte Geschlechterrollen. Geschlechterrollen entstehen durch Charakterisierungen und sind nicht zu verwechseln mit den biologischen Geschlechtsmerkmalen.

Für Butler ist bereits die Vorstellung eines vorgängigen natürlichen Geschlechts ein kulturelles Produkt, das sich tief in die Wissenschafts- und Rechtsstrukturen eingegraben hat. Mithin etwas, das durch den kulturellen Blick miterzeugt wird, der bestimmt, was als Norm gilt, und wie mit Abweichungen von der definitorischen Setzung umzugehen ist. Durch die ständige Wiederholung der Normbestätigung stabilisiert sich zwar eine klare Ordnung. Sie steht aber auf tönernen Füßen, nämlich einer kulturell geprägten Konstruktion, die über die tatsächliche Wirklichkeit gelegt wird. Es kann folglich nur das gesehen werden, was ihr entspricht. Alles andere wird zu ihr passend gemacht oder verleugnet, es gibt kein Außerhalb, noch nicht einmal ein Grenzgängertum. Sie legt durch Wiederholungen fest, was als natürliche Tatsache zählt, ein Kreislauf, der bestätigt findet, was vorgegeben wurde. So legen erst etablierte Machtstrukturen

---

[8] Das englische Wort „Gender" benennt ausschließlich die soziale Dimension, die erhebliche kulturelle Unterschiede aufweist. Das biologische Geschlecht wird dagegen mit „Sex" bezeichnet. Der deutsche Begriff „Geschlecht" ist umfassend gemeint, er bezieht sich sowohl auf die biologische als auch gesellschaftliche Dimension. Eine gute Übersetzung von Gender ist deshalb kaum möglich.

fest, was als Mann und was als Frau gilt. Die soziale Geschlechtsidentität ist folglich das Ergebnis historisch gewachsener Machtverhältnisse, die nur zwei Geschlechter kannte und damit Wissenschaft und Forschung dominiert hat. Was wir zu sehen meinen, ist jedoch nicht immer das, was ist.

Viele Jahrhunderte lang gingen Menschen davon aus, dass die Erde eine Scheibe wäre. Und viele weitere Jahrhunderte, dass sie zwar eine Kugel sei, aber im Zentrum des Kosmos stünde, während die Sonne sich um sie drehe. Heute glaubt das kein Mensch mehr, unsere Sichtweise hat sich aufgrund differenzierender Erkenntnisse grundlegend verändert. Veraltetes Wissen wirkt im Rückblick blind für die Wirklichkeit, es ist ein falsches Weltbild. Die wissenschaftlich unterstellte Dichotomie könnte nach dem gleichen Schema ein Spiegelbild unseres Selbstbildes sein, das sich so verfestigt hat, dass wir es glauben, obwohl es nicht so ist. Diversität kommt in der binären Logik nicht vor, weil sie in ihr nicht gesehen werden kann. Dennoch ist sie da. Und war es immer, ähnlich wie sich die Erde schon immer um die Sonne gedreht hat und nicht umgekehrt. Es ist keine Frage der Quantität, also der Menge an Fällen, die über die Relevanz entscheidet, sondern eine der Richtigkeit einer Sachlage. Nach heftiger Kritik an einer allzu einseitigen Auslegung schränkte Butler ein, dass sie weder die Materialität des Körpers infrage stellen noch alle Geschlechterkategorien konstruktivistisch kurzerhand abschaffen wolle. Vielmehr gehe es darum, sie weiter zu fassen und so zu öffnen, wie es der Realität entspräche. Es ist ein Akt der Aufklärung und Emanzipation, nicht der Überwindung der Natur. Mit einem weniger gefärbten Objektiv wird mehr Vielfalt innerhalb der Natur sichtbar. Unser Verständnis ihres faktischen Spektrums kann durch Differenzierungen wirklichkeitsgesättigter werden.[9]

Auch unabhängig von hitzig diskutierten Genderfragen sind Menschen nicht einfach die Gefangenen ihrer Gene im biologischen oder der Umwelt im sozialen Sinn. Sie besitzen vielmehr eigentümliche Freiheitsgrade, die sie erst zu Menschen machen. Wären wir ausschließlich Gefangene genau definierter Vorgaben und Einflüsse, könnten zutreffende Prognosen über unsere Zukunft erstellt werden. Wir könnten dann kaum etwas selbst beeinflussen, was nicht auf irgendeine Weise zu dieser Bestimmtheit passt. Das heißt nicht, dass uns alles möglich ist oder wir beliebig wählen und variieren können. Dem Selbstgefühl nach verstehen wir uns trotzdem als in gewissen Graden autonom und folglich als eigenmächtig handelnde Subjekte. Wir wollen zumindest bestimmte Dinge selbst entscheiden, was auch immer dieses „selbst" sein mag und woraus es sich speist. Sogar Genforscher beschreiben das Zusammenspiel aus Genen und Umwelt inzwischen etwas vorsichtiger mit ergebnisoffenen Analogien. So wie sich die Fläche einer geometrischen Form, etwa ein Viereck, nicht allein mit der Breite oder Höhe erfassen lässt, sondern nur aus beidem zusammen, sind auch Gene und Umwelt miteinander verschränkt, sie beeinflussen sich gegenseitig. Gene können ein Bereitschaftspotenzial aufschließen, aber ob die Tür von außen oder innen tatsächlich geöffnet wird, und ob wir dann auch noch wirklich hindurchgehen, ist nicht von Anfang an festgelegt. Es bleibt ein Einerseits-andererseits.

---

[9] Inzwischen weiß man, dass die typische Konstellation XX oder XY auch biologisch nicht alles bestimmt. Gene geben ein ausschöpfbares Potenzial wieder. Die Entwicklung kann jedoch vielschichtiger verlaufen, weil Gene und Hormone facettenreich zusammenwirken, sodass Abweichungen vom üblichen Verlauf entstehen.

Eine echte KI müsste nach dem Wunsch ihrer Erschaffer irgendwann nicht nur eine Denkfähigkeit, sondern auch noch so etwas Ähnliches wie Erkenntnisvermögen und eine Art von Bewusstsein entwickeln. Bei so viel humanoider Klugheit, sollte sie dann nicht auch noch ein Gender, also ein soziales Geschlecht bekommen? Welches Rollenbild würde dem entsprechen? Der zunächst äußerst befremdlich erscheinende Gedanke ist gar nicht so abwegig. In der Populärkultur der Science-Fiction-Filme hat KI in aller Regel eine vermenschlichte Verkörperung. Auch echte Pflegeroboter, wie sie in Japan entwickelt wurden, verfügen über Merkmale eines einfachen Gesichts, Arme, Beine, und sie haben einen Rumpf. Menschenähnlichkeit macht sie sympathischer und vertrauenerweckender, also wird sie einfache menschliche Merkmale erhalten. Sobald wir sprachlich mit der KI interagieren, muss sie zwangsläufig eine bestimmte Tonlage und Aussprache benutzen. Sie hat eine bestimmte Stimme, und wir werden sie wohl mit einem Pronomen bezeichnen. Vieles spricht dafür, dass sie schon damit so etwas wie ein erstes Gender haben wird. Denn die kulturell basierte Geschlechterdifferenz spielt im Bewusstsein, auf ein agierendes Gegenüber zu treffen, eine zentrale Rolle. Pragmatische Überlegungen führen zu diesem Punkt, nicht ideologische.

Schon wie sie ausgestattet wird, ist keine unbefangene Vorentscheidung. Digitale Sprachassistenten wie Alexa, Google Assistant und Siri, die ziemlich einfachen Vorläufer künstlicher Intelligenz, sind mit einer weiblichen Stimme voreingestellt. Zwar werden sie nach Umfragen nicht unbedingt als weiblich wahrgenommen, sondern mehrheitlich sachlich wie eine Maschine. Das passt zumindest dazu, dass sie körperlos erscheinen. Aber sobald KI Entscheidungen trifft und interagiert, ist ein Gendereinfluss nicht mehr zu verstecken. Da sie Daten verwertet, steckt das unweigerlich in den Daten, mit denen sie arbeitet. Aus ihrem Vorgehen und Urteil lässt sich auf Voreingenommenheit schließen, weil die Angaben es schon waren (O'Neill, 2016). Denn die eingespeisten und verarbeiteten Daten sind nicht per se neutral, sondern sie schreiben die Vergangenheit fort, die nicht parteilos war. Es hängt von ihrem Input ab, was eine KI weiß, und welche Auswahl sie trifft. So arbeitete Amazon schon 2014 an einem KI-Bewerbungssystem, das ermitteln sollte, wer am besten zum Unternehmen passt. Ein ausdrückliches Ziel war, dass es dabei möglichst objektiv zugehen möge. Das Manko im Rückblick: Frauen wurden stets schlechter bewertet als Männer. Stereotype und Vorurteile entstehen dadurch, dass in einer Unmenge von eingefütterten Daten bestimmte Muster erkannt werden, die in künftige Entscheidungen einfließen. So wird eine bestehende Einschätzung als Diskriminierung fortgeschrieben und verstärkt, während sie als längst überwunden geglaubt wurde. Zwar lernt das intelligente Programm selbständig mit den Datensätzen. Aber exakt so, wie in ihnen bestimmte Vorurteile und Gewohnheiten stecken, werden sie von den Algorithmen wiederholt. KI kann nicht unbefangen bewerten, weil die Daten es nicht sind, die sie nutzt. Amazon ist ein Technologieunternehmen, in dem vor allem Männer arbeiten. Algorithmen können daraus schließen, dass männliche Bewerber bevorzugt sind. Vergleichbare Probleme gibt es bei Systemen, die für schwarze Straftäter in den USA eine längere Haftstrafe vorschlagen als für weiße. Sie saugen ihr Wissen aus der Vergangenheit. Programm-Ausstattungen und Datenfütterung sind mit Genen vergleichbar, die festlegen, was und wie wahrgenommen wird. Sie arbeiten mit ererbten Vorurteilsstrukturen, die Wirklichkeit nicht neutral erfassen, sondern subjektiv deuten.

Unsere eigene Selbstwahrnehmung wird in erheblichem Maß dadurch beeinflusst, wie wir von anderen wahrgenommen werden. So wird es auch der KI ergehen. Egal, welches vermenschlichte Design sie bekommt, sie wird Teil von sozialen Interaktionen mit uns sowie anderen KI sein und eine Zuschreibung erhalten. Und dies um so mehr, je ähnlicher sie uns tatsächlich sein soll. Hypothetisch unterstellt, dass sie zu einem Selbstsetzungsakt tatsächlich im Stande wäre, würde sie in einen gemeinsamen Erfahrungsraum derer eintauchen, die dazu tendieren, Formen der Selbstbezüglichkeit auszuprägen. Wenn sie auf irgendeine Weise intelligent ist, wird sie sich zu dieser Tatsache verhalten müssen. Das Ergebnis wäre nicht abzuschätzen. Reflexion und die vielen Praktiken des Umgangs würden aber dazu führen, dass sie eine spezifische soziale Zuschreibung erhält und darauf reagiert. Auch bei ihr wird die Stunde Null kein absoluter und somit vollständig determinierender Anfang sein.

3

Vom Ende her: Vorteile der Sterblichkeit

Altern und Tod sind biologische Notwendigkeiten. Menschen hadern zwar mit ihrem eigenen Ende, doch das Wissen um die eigene Sterblichkeit spornt sie zum Handeln und Planen an. Sogar in ihrer letzten Lebensphase wollen sie noch selbst bestimmen, was mit ihnen geschehen darf. Grundlage der Selbstbestimmung ist ein freier Wille. Mit ihm ist es möglich, sich an Werten zu orientieren, die man als wichtig für sich erachtet. Menschen haben Überzeugungen. KI ist dagegen nicht körperlich und endlich, sie stirbt nicht. Deshalb macht sie keine individuellen Pläne, verfolgt keine eigenständigen Ziele und besitzt keine selbstverantwortliche Eigenaktivität. Nur ein Organismus kann kreativ sein. Ohne Endlichkeit ist alles gleich und langweilig.

© Der/die Autor(en), exklusiv lizenziert an Springer-Verlag GmbH, DE, ein Teil von Springer Nature 2023
H. Reisch, *Das verflixte Selbst,*
https://doi.org/10.1007/978-3-662-67491-8_3

3.1 Endlichkeit als Chance: Über das Schmieden von Plänen

Die letzte Stunde kommt unweigerlich. Menschen sind sterblich, und sie wissen das. Manche empfinden den Tod als etwas Furchtbares, andere nehmen ihn als eine Unausweichlichkeit hin und wünschen sich lediglich, nicht zu früh und vor allem schmerzfrei zu sterben. Wir können uns offensichtlich sehr unterschiedlich mit unserer Endlichkeit auseinandersetzen. Dabei ist der Tod rein biologisch betrachtet überhaupt nichts Besonderes. Das nicht umkehrbare Ende der Selbsterhaltung eines Organismus spielt sich jeden Tag, überall auf der Welt, bei allen Lebewesen, und somit in einer unvorstellbaren Zahl ab. Die sachliche Feststellung lautet, dass dabei alle Lebensfunktionen aufhören. Den Stoiker Epikur hat sie zu der lakonischen Einschätzung geführt: Solange wir existieren, ist der Tod nicht da, und wenn er da ist, existieren wir nicht mehr. Es macht in seinen Augen somit wenig Sinn, sich allzu sehr mit ihm zu beschäftigen. Der Tod ist nämlich die schlichte Tatsache, dass man nicht mehr ist. Und so lange die nicht endgültig eingetreten ist, bleibt alles wie gehabt.

So richtig passt dieser Befund aber weder zum eigenen Lebensgefühl noch zur kulturellen Entwicklung der Menschheit. Jedem droht mit absoluter Sicherheit ein zukünftiger Vorgang, der ihn auf einmalige Weise treffen wird. Wir haben jedoch kein echtes Gefühl, wie das dann ist und können uns auch nicht wirklich in andere Menschen hineinversetzen, die gerade sterben. Es bleibt ein individuelles einmaliges Geschehen. Vergleichsbemühungen mit ähnlichen Zuständen, wie Bewusstlosigkeit oder Schlaf sind unpassend, weil wir daraus wieder erwachen. Mental ist es nicht möglich, vollständig vorwegnehmen, wie es ist, wenn das eigene Leben endet. Und dennoch haben Kulturen genau das fortgesetzt gemacht. Menschen erleben, dass andere Menschen aus ihrem Umfeld auf immer verschwinden. In Träumen, Riten, Mythen und Religionen haben sich Vorstellungen niedergeschlagen, dass es vielleicht doch auf eine andere Weise weitergehen könnte. So wie der Schlaf ein kleiner Bruder des Todes ist, aus dem man wieder aufwacht, könnte ein Bewusstsein seiner selbst überdauern. Frühere Jahrhunderte hatten dafür ein körperloses Seelenkonzept und ein Jenseits entwickelt. Dahinter steht nicht nur eine Furcht vor dem eindeutigen Ende des Lebens. Es sind vor allem Versuche, dem Tod etwas Sinnvolles abzuringen. Das Bewusstsein scheint nicht sonderlich gut darin zu sein, sich ein Bild der eigenen Nichtexistenz zu machen. Wenn wir uns vorstellen, dass etwas verschwindet oder fehlt, haben wir genau dieses Etwas vor Augen.

Im Gegensatz zum Fatalismus von Epikur hat der Existenzialismus, eine der einflussreichsten philo- sophischen Bewegungen des 20. Jahrhunderts, die bewusste Auseinandersetzung mit der eigenen Begrenzt- heit zum zentralen Motivator im eigenen Leben gemacht. Menschen besitzen kein vorab definiertes Wesen, sondern machen die bewusste Erfahrung der lebendigen zukunfts- offenen Existenz. Dabei ist ein Schockmoment der Wegweiser: Die gedankliche Vorwegnahme des unabwend- baren Todes führt uns unser flüchtiges Dasein plastisch vor Augen und wirft uns zurück ins volle Leben. Gerade dass man keine zweite Chance bekommt, treibt zur Aktivi- tät an, denn nur wir selbst können unserem Leben einen Sinn geben. In schier endloser Permanenz stehen wir vor Entscheidungen, die uns niemand abzunehmen ver- mag. Menschen sind zur menschlichen Freiheit verurteilt, wie Jean-Paul Sartre es in der Nachkriegszeit zugespitzt formuliert hat, weil sie endlich und dadurch für den eigenen Lebensweg verantwortlich sind.[1] Es gibt keinen absoluten Bezugspunkt, der sie bestimmt. Sie müssen die Welt interpretieren und die Zuständigkeit für eigenes Verhalten übernehmen. Erst wir geben der eigenen Existenz durch konkrete Entscheidungen und Handlungen eine Bedeutung.[2] Zur persönlichen Lebensgestaltung gehört, dass wir Pläne machen und unser Leben so strukturieren, wie wir es individuell möchten und dafür einstehen.

Eigentlich wollen Individuen gar nicht sterben und tun deshalb viel dafür, möglichst lange zu leben. Tatsächlich sorgen wissenschaftliche Fortschritte dafür, dass die Menschen auf der Welt allmählich immer älter werden. Vor etwa hundert Jahren lag das erreichbare Durchschnittsalter bei gerade einmal dreißig. 1970 hatte es sich bereits verdoppelt, und derzeit werden Menschen im Schnitt mehr als siebzig Jahre alt. In der Ersten Welt, also auch in Deutschland, liegen die Zahlen noch höher. Nach Schätzungen dürften heute geborene Kinder einmal zwischen 79 und 84 Jahre alt werden. Berechnet man die erwartbaren medizinischen Entwicklungen in den nächsten Jahrzehnten mit ein, wird das Durchschnittsalter mit hoher Wahrscheinlichkeit auf über neunzig Jahre ansteigen. Dabei kann die Wissenschaft noch überhaupt nicht abschätzen, wohin sich die weitere Steigerung entwickeln wird. Vermutlich gibt es irgendwo ein biologisches Limit, wobei manche meinen, dass Menschen theoretisch schon heute bis zu 150 Jahre alt werden könnten.

Das erreichbare Lebensalter hängt in erster Linie davon ab, wo genau man lebt. Wenn Hunger, schlechte gesund-

---

[1] Standpunkte des Existenzialismus beschreibt anhand seiner Geschichte anschaulich Bakewell (2016).

[2] Eine moderne Version vertritt Gerhardt (2018). Für ihn ist Moral eine Sache des Individuums, das ein Problem mit sich selber hat, das davon berührt wird. Es lässt sich nicht wegdelegieren, und man wird es nicht unbekümmert los.

heitliche Versorgung und gewaltsame Konflikte herrschen, ist nicht nur die Kindersterblichkeit hoch, sondern auch die generelle Aussicht, kein allzu hohes Alter zu erreichen. Umgekehrt versprechen der Zugang zu Gesundheitsleistungen, Hygiene, Bildung und Wohlstand ein längeres Leben. Gesundheitsexperten kennen somit wichtige Kriterien dafür, was zu tun ist, um ein möglichst langes Leben zu führen. Betrachtet man die zunehmende Lebenserwartung, ist das auch beeindruckend gelungen. Zudem müssen zumindest in den Industrie- und Schwellenländern immer weniger körperlich extrem hart arbeiten, um ihren Unterhalt zu verdienen. Auch das drückt sich in Zahlen zur Lebenszeit aus. Statistisch leben Menschen in Ländern mit einem pro Kopf hohen Bruttoinlandsprodukt deutlich länger (Rosling, 2018). Gleichzeitig passiert aber etwas Erstaunliches. Mit wachsendem Wohlstand ergeben sich neue Gefährdungen, was die Qualität im höheren Alter erheblich mindert. Ungesunde Ernährung und Bewegungsmangel führen zu Übergewicht mit hohen Risiken, Drogen wie Rauchen, Alkohol und Zucker zu lebensverkürzenden Abhängigkeiten. Ist es vor diesem Hintergrund wirklich erstrebenswert, ein immer höheres Alter zu erreichen? Die meisten sagen eher nein. Vielleicht wird die Grenze aufgeschoben, ohne allzu viel davon zu haben. Niemand wünscht sich, jenseits der 80 Jahre schwach, pflegebedürftig, dement oder bettlägerig zu sein. Und doch wird mit einer gewissen Wahrscheinlichkeit etwas in dieser Richtung passieren. Es ist eine Zwickmühle, die durch medizinischen Fortschritt entsteht.

3.2   Und doch ein Übel? Der Verlust des eigenen Lebens

Evolutionsbiologisch sind Altern und Tod absolut notwendige Prozesse. Ist das Erbgut einmal weitergereicht und sind Nachkommen aufgezogen, ist es deren Sache ihre Gene weiterzugeben. Das Ziel ist erreicht, Altern und Sterben schaffen Platz für die nächste Generation. Die Abfolge der Generationen hat den Vorteil, dass immer wieder neue Anpassungen an veränderte Umweltbedingen möglich sind, die gesamte Art überlebt durch langfristig wirksame Selektionsprinzipien. Arten, die sich nicht schnell genug anpassen können, sterben einfach aus. Das individuelle Leben endet in Folge eines rundherum natürlichen Prozesses, der im Organismus arbeitet. In den Chromosomen, die Erbinformationen speichern, gibt es einen eingebauten Mechanismus, der den dauernden Prozess der Zellteilung beendet. Normalerweise verdoppeln sich bei einer Zellteilung die Chromosomen vollständig, sodass jede Tochterzelle eine Kopie des Erbguts enthält, um sich selbst wiederum teilen zu können. Der Gerontologe Leonard Hayflick entdeckte, dass sich die Enden dieser Chromosomen bei jeder Teilung leicht verkürzen. Im Lauf der Zeit werden sie dann so kurz, dass sich die Zelle irgendwann überhaupt nicht mehr teilen kann. Das Prinzip schrumpfender Chromosomen verhindert außerdem, dass sich Zellen unkontrolliert verdoppeln und zu einem Tumor wachsen. Wissenschaftler bezeichnen die maximal mögliche Lebensspanne eines Menschen als Hayflick-Grenze. Bei Stammzellen, die neue Körperzellen und Gewebe bilden, trifft dieser spezielle Bremseffekt zwar nicht zu. In diesem Fall können bestimmte Enzyme die Chromosomen nämlich wieder verlängern. Aber auch hier geht der Vorrat irgendwann zur Neige. Wenn keine frischen Zellen mehr produziert werden, kann sich das Gewebe nicht mehr regenerieren. Es scheint somit eine molekulare Uhr zu geben, die in den Zellen sitzt und mitzählt, wie oft sie sich bereits geteilt und ihre Energie aufgebraucht hat. Trotz aller technischen Errungenschaften bleibt der Tod eine grundlegende Unverfügbarkeit. Niemand kann ihn berechnen, beherrschen oder einfach aus der Welt schaffen, auch wenn die Phantasie das gerne hätte.

Frühere Kulturen kannten die zellbiologischen Zusammenhänge nicht und gaben dem drohenden Ende doch ein passendes Gesicht. So sind beispielsweise in Europa seit dem Mittelalter allegorische Figuren wir der Sensenmann oder ein kahler Schädel mit Knochen Symbole der Sterblichkeit. Das nackte Gerippe steckt in allen Menschen wie der Befehl, die Zellteilung irgendwann zu stoppen. Noch heute ist der Totenkopf ein Symbol für tödliche Chemikalien und Gifte: Achtung, Lebensgefahr. Warum es Todesangst überhaupt gibt, kann die Evolutionstheorie gut erklären: Wenn ein Lebewesen seine Vernichtung panikartig fürchtet, hat es bessere Überlebenschancen als ein Lebewesen, das dies nicht tut. In lebensbedrohlichen Momenten schüttet der Körper Stresshormone aus, die alles auf Kampf oder Flucht einstellen. Todesangst ist somit eine in der Natur notwendige lebenserhaltende Funktion und deshalb Teil der genetischen Ausstattung. Die punktuelle Todesangst ist jedoch etwas anderes als die generelle Furcht vor dem Ende. Für den gesunden Menschenverstand ist es eine ausgemachte Sache, dass der Tod etwas Schlechtes und vielleicht sogar das größtmögliche Übel ist. Vor allem dann, wenn er jemanden abrupt aus dem Leben reißt, der jung und gesund ist. Es geht dabei nicht um den Zustand tot zu sein, sondern um den Verlust des Lebens. Das Ende raubt etwas, an dem uns unmittelbar gelegen ist, es nimmt etwas

Wertvolles und Wünschenswertes (Nagel, 2012). Genau dieser Raub ist das Übel, nicht der endgültige Tatbestand, den er herbeiführt.

Wer lebt, verliert sein Selbst, wenn er nicht mehr lebt. Schon dem römischen Lukrez war die Asymmetrie aufgefallen, dass uns die Nichtexistenz vor unserer Geburt ziemlich kalt lässt, wohingegen uns die Nichtexistenz nach unserem Tod verschreckt. Zwischen dem Noch-nicht und dem Nicht-mehr besteht offenkundig ein qualitativer Unterschied: Eine frühere Geburt ist nicht möglich, es sei denn als ein ganz anderer Mensch. Ich hätte somit mit Sicherheit auch ein anderes Bewusstsein. Ein späterer Tod ist dagegen durchaus möglich und vorstellbar, weil die Geburt bereits stattgefunden hat, und ein Selbstgefühl ausgeprägt ist. Lebewesen sind zukunftsgerichtet auf die eigene Lebensspanne. Sie tun alles, damit es ihnen gut geht. Wissenschaftler beschreiben, dass dies, wenn auch rudimentär, schon für Einzeller gilt. Selbsterhaltung ist ein biologisches Prinzip, das mit der Vermeidung von Schmerz, körperlichem Schaden, aber auch der Befriedigung elementarer Grundbedürfnisse wie Ernährung oder Sex einhergeht. Selbsterhaltung ist die Folge von Verhaltensweisen, die in erster Linie um ihrer selbst willen vollzogen werden. Nach heutigem Wissen gibt es keinen Instinkt der Arterhaltung, jede Zelle und jedes Lebewesen macht dies auf sich bezogen. Menschen können die Handlungen allerdings bewusst vollziehen, deshalb scheinen auch nur sie imstande zu sein, diese als Tätigkeiten zur Arterhaltung zu deuten. Individuen sorgen sich auf menschliche Weise um die Zukunft und kümmern sich nicht gleichermaßen um die Vergangenheit. Sie ist unveränderlich und höchstens noch ein Gegenstand für geschichtliche Betrachtungen. Das abrupte Ende raubt uns dagegen eine Zeitspanne, die wir theoretisch noch selbst hätten erleben können. Von außen betrachtet haben alle Lebewesen eine natürliche Lebenserwartung, die durch biologische Regeln bestimmt wird. Von innen heraus steht dagegen eine unbestimmte Zukunft offen.

3.3 Vorausschauende Gegenmaßnahmen: Medizinfortschritt und Patientenverfügung

Menschen wollen möglichst gut leben, wie lange das auch sein mag. Was sie nicht wollen, ist schlecht zu sterben. Und schlecht heißt unter Schmerzen und fatalen Bedingungen. Die Grenzen des Lebens gehören zu den herausgehobenen existenziellen Situationen, auch wenn sie nur den letzten Schlusspunkt darstellen. Das Sterben ist Teil der eigenen Gesamtbilanz, deshalb wünschen sich die meisten, dass es ein möglichst angemessener Abgang wird. Viele wollen am liebsten zu Hause sterben: an dem vertrauten Ort, an dem sie gelebt haben. Mittlerweile kann mit einer Patientenverfügung zudem bestimmt werden, welche medizinischen Behandlungen am eigenen Lebensende durchgeführt werden dürfen und welche nicht. Solche Verfügungen sollen einen zuvor gefassten Willen widerspiegeln und einen Zustand regeln, in dem wir voraussichtlich nicht mehr selbst entscheiden können. Üblicherweise unterschreibt man im gesunden Zustand, also zu einem Zeitpunkt, zu dem mögliche Krankheiten und ihr Verlauf noch überhaupt nicht ersichtlich sind. Im Vollbesitz der Kräfte haben wir klare Vorstellungen, was wir uns als angemessen vorstellen. Der Tenor der

Unterzeichnenden ist in der Regel, dass sie damit ihre Würde[3] bis ans Lebensende bewahren wollen. Den gleichen Hintergrund haben Vorsorgevollmachten und Betreuungsverfügungen. Viele Menschen lehnen lebensverlängernde Maßnahmen im Endstadium des Lebens ab, weil sie Bilder kennen, in denen nur noch Apparate die Lebensfunktionen steuern. Wer es nicht selbst erfahren hat, kennt zumindest einschlägige Berichte aus Medien. Am Lebensende kann man heute auf Errungenschaften der Palliativmedizin setzen, die das Leiden mindern, aber das Leben nicht gegen den natürlichen Verlauf künstlich verlängern. Im Mittelpunkt geht es dabei nur um das subjektive Wohlbefinden, also das Vermeiden von Schmerzen, Atemproblemen, Angst usw. und nicht um etwaige Heilungschancen.

Je mehr in Medizin investiert wird, desto stärker stehen Kranke einem System gegenüber, das von vielen unterschiedlichen Interessen geleitet ist, die mit ihren eigenen kollidieren. Dazu gehört das ganze Gesundheitswesen mit Praxen, Krankenkassen, Versicherungen, Krankenhäusern, Pharmaunternehmen und Forschungseinrichtungen. Damit Patienten, also Leidende, nicht einfach zum Mittel eines medizinischen Paternalismus gemacht werden, gilt in der Medizinethik das Prinzip der Patientenautonomie, die eine übersetzte Selbstperspektive ist. Ich kann aus ihr heraus festlegen, was mit mir nicht geschehen darf. Nicht Mediziner als wissenschaftlich ausgewiesene und deshalb dominierende Experten sollen letztinstanzlich über alle Mittel und Ziele des ärztlichen Handelns entscheiden, auch nicht Angehörige, die nicht ausdrücklich dazu legitimiert wurden, auch nicht die Versicherung, der das zu teuer ist, oder die Forschung, die

---

[3] Dimensionen der gelebten Würde beschreibt Bieri (2013).

etwas herausfinden und testen will, sondern der Patient selbst als Person des eigenen Lebens. Patienten müssen das ärztliche Handeln durch ihre Einwilligung deshalb in letzter Instanz autorisieren (Wiesemann & Simon, 2013). Dazu braucht es eine gewisse Selbstbestimmungsfähigkeit. Damit taucht unweigerlich der Bezugsrahmen eines überlegt artikulierten Willen auf, an ihm hängt alles.

Das Prinzip der Selbstbestimmung kann dessen ungeachtet zu Konfliktfällen führen. Es kommt vor, dass Patienten in einer Krankheitsphase der früheren Verfügung widersprechen und plötzlich einen ganz anderen Willen äußern. Das tun beispielsweise Menschen, die dement geworden sind und sich an frühere Anweisungen gar nicht mehr erinnern. Umgekehrt können sie bestimmten medizinischen Maßnahmen zugestimmt haben, diese nun aber ablehnen und Widerstand signalisieren. Dies sind ebenfalls sehr klare Willensäußerungen, die man nicht einfach wegschieben kann. Je älter Menschen durch eine gute medizinische Versorgung werden, desto häufiger treten dementielle Symptome, wie Störungen der Orientierung, der Auffassungsgabe und des Gedächtnisses auf. Warum soll der früher geäußerte Wille stärker bindend sein als der jetzige? Zum Kern der Selbstbestimmung gehört die Fähigkeit, verantwortungsvolle Entscheidungen zu treffen und grundsätzlich einwilligungsfähig zu sein, also genau zu wissen, was man mit welcher Tragweite tut. Damit muss zum Äußerungszeitpunkt die Fähigkeit zu einer freiverantwortlichen Willensbildung gegeben sein. Fehlt sie, ist es zwar ebenfalls eine Willensäußerung, aber eben nur eine aktuale Bekundung aus einer bestimmten Stimmung oder Situation heraus.

Juristen nennen einen derart situativ gebundenen den natürlichen Willen[4]. Ihm gegenüber steht der freie Wille als Voraussetzung für Geschäfts- und Einwilligungsfähigkeit. Er setzt ein umfassendes Verstehen der Tragweite von Maßnahmen und eine informierte Vorstellung der eigenen Situation voraus. Demente Menschen vergessen nicht unbedingt alles, aber sie leben mit bestimmten Erinnerungsinseln. Das Kurzzeitgedächtnis versagt zunehmend. Das Langzeitgedächtnis liefert dagegen immer noch ausreichend Bezugspunkte, sodass das, was die Person früher ausgemacht hat, nicht vollständig verschwunden ist. Eine stringente Verbindung dieser Erinnerungsinseln herzustellen, gelingt im Krankheitsverlauf jedoch immer weniger. Und was in weiteren Stadien zudem fehlt, ist ein Verständnis dafür, dass es Handlungsoptionen gibt, die bestimmte Folgen haben. Deshalb fällt ein überlegtes Abwägen des Für und Wider aus. Der natürliche Wille kann in diesem Fall noch nicht einmal in die Nähe des Autonomieprinzips gerückt werden, er ist ein momentaner Impuls.

3.4 Bindende Lebensweise: Was Menschen etwas wert ist

Der sogenannte freie Wille schützt demgegenüber den selbstbestimmten Lebensentwurf in seiner Gesamtform. Aus freiem Willen getroffene Entscheidungen sind auch im sonstigen Leben mit den daraus in Kauf genommenen

---

[4] Hegel grenzt den freien Willen von Neigungen so ab: „Der Mensch steht aber als das ganz Unbestimmte über den Trieben und kann sie als die seinigen bestimmen und setzen." (Hegel, 1970a, S. 63). Als Fähigkeit zur freierantwortlichen Willensbildung ist dieser Ansatz in die Rechtswissenschaft eingegangen.

Konsequenzen zu tragen. Was müsste man diesem freien Wollen unterstellen, um es von punktuellen Impulsen zu unterscheiden? Der Philosoph Harry Frankfurt hat vorgeschlagen, nicht auf den konkreten Inhalt des Wollens zu schauen, sondern vielmehr darauf, wie das Wollen zustande gekommen ist. In einem hierarchischen Stufenmodell wird Willensfreiheit zur Fähigkeit, wollen zu können, was man wollen will (Frankfurt, 2001). Das klingt kompliziert und zunächst auch etwas tautologisch. Tatsächlich verlangt er nicht viel mehr als eine Distanz zu sich. Er bleibt dabei im Universum des Wollens und umgeht das Problem, weitere Instanzen wie besondere Klugheit zu benötigen. Es ist aus dieser Perspektive ein fundiertes Wollen, ein von mir selbst überprüftes, das nicht allein von spontanen Handlungsimpulsen getrieben ist. Auf der ersten Stufe folgen wir unseren Bedürfnissen und unmittelbaren Wünschen. Wir können uns über unser spontanes Wollen hinaus aber auch noch darauf beziehen, dass wir ganz bestimmte weitere und vor allem andere Wünsche bezüglich unserer Wünsche der ersten Stufe haben. Ich könnte beispielsweise den Wunsch nach einer Droge verspüren, das ist die erste Stufe, zugleich aber den Wunsch haben, die Drogensucht zu überwinden, das ist die zweite Stufe. Umgekehrt kann sich jemand dafür entscheiden, mit überhöhter Geschwindigkeit zu fahren und dem erwünschten Rauschgefühl absichtsvoll zu folgen. Es geht also überhaupt nicht darum, ob andere die Entscheidung für besonders schlau halten. Und schon gar nicht, ob sie vernunftgeleitet ist, sondern lediglich darum, ob sie ernsthaft getroffen wurde. Ist das der Fall, leitet sie Handeln, das ist die einzige und echte Probe aufs Exempel.

Erst wenn Wünsche zu tatsächlichen Handlungen führen, sind sie handlungswirksam und stellen ihren Stellenwert unter Beweis. Ansonsten bleiben sie bloß nette Phantasien oder Selbstbetrug. Für Harry Frankfurt geht Willensfreiheit deshalb immer mit Handlungsfreiheit einher, sie ist der eigentliche Gradmesser. Es ist eine spezielle Fähigkeit, selbst zu bestimmen, welche Wünsche erster Stufe handlungswirksam werden. Ich kann etwas wünschen, es aber zugleich missbilligen und das Gewünschte deshalb unterlassen. Der Wunsch ist noch da, wird jedoch nicht ausgeführt, weil ich es nicht tun will. Auch dieses Modell führt selbstverständlich zu Schwierigkeiten, beispielsweise warum nicht noch eine weitere Stufe des Wollens darüber gebaut wird. Schließlich könnte selbst das Wollen zweiter Stufe noch einmal einer Prüfung unterzogen werden. Oder die Frage, ob das Wollen zweiter Stufe überhaupt wir selbst sind. Jeder könnte dabei lediglich gesellschaftlichen Vorgaben entsprechen, die von außen an ihn herangetragen werden. Bei aller Unschärfe erscheint es gleichwohl ein zumindest pragmatischer Weg zu sein, die prinzipielle Entscheidung wichtig zu nehmen, weil die Ernsthaftigkeit des Wunsches respektiert wird. Menschen können gegenüber ihrem eigenen Wollen und ihren eigenen Interessen noch einmal aus einer anderen Warte heraus Stellung beziehen. Sie können Wünsche akzeptieren, bekräftigen oder verwerfen. Damit geht eine zumindest gefühlsmäßige Übereinstimmung mit sich selbst einher. Die Attraktivität der Überlegung liegt darin, dass Selbstbestimmung nicht mit zu hohen Ansprüchen an Schlüssigkeit überfrachtet, sondern daran gebunden wird, was uns in unserem Leben etwas wert ist.[5] Ausschlaggebend ist wie in der Strömung des Existenzialismus eine innere Entscheidungsstruktur: Der Mensch lebt nicht für sich allein, aber seine Entscheidungen und konkreten

---

[5] Zu Spannungen zwischen unserem Selbstverständnis und den davon abweichenden alltäglichen Erfahrungen, die wir machen, siehe Rössler (2017).

Handlungen sind eine individuelle Wahl. Was ich wirklich will, macht für mein Leben einen subjektiven Sinn aus. Einen objektiven gibt es nicht und muss es auch gar nicht geben.

Manche Menschen besitzen ein Naturell, nicht aufzugeben. Sie kämpfen mit allen Mitteln um das Überleben und nehmen dafür alles in Kauf. Andere wollen aus religiösen Gründen keinen Eingriff, der das Leben aktiv beendet, und sei es das Abstellen von Maschinen. Wieder andere wollen auf keinen Fall in einen vegetativen Zustand geraten, in dem sie zu einer biologischen Existenz gezwungen sind, die nichts mit dem zu tun hat, was sie zuvor mit einem sinnvollen Leben verbunden haben. Alle diese individuellen Einstellungen sind, obwohl zueinander extrem konträr, gleichberechtigt. Sie werden jeweils vom individuellen Rückblick geprägt und müssen gesamthaft zur jeweiligen Person passen. Wir wünschen uns, dass das Ende mit unseren eigenen Vorstellungen übereinstimmt, nach denen wir gelebt haben. Die Personalität soll Situationen künftiger Hinfälligkeit und Hilflosigkeit überdauern, weil sie menschliche Individuen in erheblichem Maß ausmacht.

3.5   Standfestigkeit oder Kompromisse: Warum Werte nicht Wünsche sind

Einer der berühmtesten Gerichtsprozesse der Philosophiegeschichte ist die Verurteilung des Sokrates. Sie ist ein Paradebeispiel für kompromisslose Standfestigkeit im Sinne der unbeugsamen Überzeugungen geworden. In Athen wurde ihm 399 v. Chr. der Prozess gemacht, weil er die Götter seines Stadtstaates missachte und die Jugend dadurch in eine falsche Richtung führe. Wir wissen nichts darüber, ob das der tatsächliche Anklagegrund war, und wir wissen auch nicht, wie der Prozess in Wirklichkeit ablief. Alles, was wir dazu kennen, ist die literarische Idealisierung von Platon, der ihm in der Apologie, der fiktiven Verteidigungsrede, ein schriftliches Denkmal gebaut hat. Sokrates hätte auf ein Verbannungsurteil hinarbeiten können, tat es aber nicht. Er hätte aus dem Gefängnis fliehen können, tat aber auch das nicht. Stattdessen nahm er die Verurteilung gelassen hin und trank im Kreis seiner Freunde den tödlichen Giftbecher mit dem gleichmütigen Hinweis, dass es besser ist, zu sterben, als falsch zu leben und seine Ideale zu verraten. Denn vor allem diese würden sein Leben ausmachen, nicht die Achtung einer äußeren Autorität. Dazu zähle, dass Unrecht tun, also sich der Strafe entziehen, schlimmer wäre als Unrecht zu erleiden, also die ungerechte Strafe auf sich zu nehmen. Vielleicht bietet Platon mit dieser Beschreibung nur eine bewundernde Überhöhung seines Lehrers Sokrates, vielleicht verpackt er darin aber auch eine ganz gezielte Ironie. Denn ein falsches Urteil und eine entsprechende Strafe sind ja ebenfalls Teil einer Autorität, einer staatlichen nämlich. Sokrates bestätigt durch sein Verhalten, dass sich die Stadt im Urteil geirrt hat, billigt ihr tugendhaft wie er ist aber die Legitimität zu, ein solches zu fällen. Das moralische Urteil über ihn fällt dadurch besser aus als das über Athen.

Eine derartige Haltung ist mehr als heroisch und vermutlich dürften nur wenige diesem Vorbild folgen. Viel menschlicher ist, was Galileo in seinem Prozess machte. Dabei ging es ebenfalls um Leben und Tod. Er bestritt vor dem Inquisitionsgericht, jemals ein Anhänger des Kopernikus gewesen zu sein, der statt der Erde die Sonne zum Mittelpunkt der Planeten gemacht hatte. In den Augen der Kirche war das Häresie, zumal wenn es öffentlich bekundet wurde. Im Jahr 1633 schwor Galilei dem heliozentrischen Weltbild ab. Anstelle der Kerkerhaft durfte sich der Verurteilte nach kurzer Zeit auf seinen Landsitz zurückziehen. Die berühmten trotzigen Worte „Und sie bewegt sich doch" hat er übrigens nie gesprochen, obwohl er in diesem Sinn weiterhin dachte und es zur selbstbewussten Emanzipation des Wissens in dieser Zeit gepasst hätte. Auf ähnliche Art und doch wieder ganz anders hat sich Berthold Brecht im US-amerikanischen Exil verhalten. 1947 stand er vor dem Tribunal eines McCarthy-Komitees, das ihn wegen unamerikanischer Umtriebe vorgeladen hatte. Man warf ihm vor, revolutionäre Gedichte zu schreiben und in Kontakt zur kommunistischen Partei zu stehen. Beides war sachlich richtig. Die meisten anderen Vorgeladenen beriefen sich in dieser Situation auf das Recht, sich nicht selbst beschuldigen zu müssen und schwiegen deshalb. Keine aktive Verteidigungsrede kann zumindest als ein indirektes Eingeständnis gewertet werden. Für Brecht kam das deswegen nicht infrage, er ging in die verkappte Offensive. Auf die Frage nach seinen Kontakten zur kommunistischen Partei in den USA antwortete er doppeldeutig: „No. I do not think so". Er blieb bei allen Äußerungen vor dem Untersuchungsausschuss konsequent im Ungefähren und ließ sich nicht festnageln. Brecht nutzte den Gerichtssaal wie eine Theaterbühne, er spielte Rhetorik und Doppelsinnigkeit aus. Die Richter waren ob der Selbstsicherheit zumindest irritiert. Ansonsten hatte Brecht bereits vorgesorgt. Wenige Stunden nach dem Verhör verließ er für immer die Vereinigten Staaten.

Es gibt Eigenschaften, die auf früheren Werten und Zielen beruhen und dadurch einen aktuellen Zustand der Wünsche überlagern. Oftmals führen Impulse zu etwas, was wir im Nachhinein gerne anders gemacht hätten. So ist das spätere Bedauern von Fehlentscheidungen ein

Hinweis darauf, dass wir unüberlegt und gewissermaßen gegen unsere ureigensten Interessen gehandelt haben. Werte, an denen sich Menschen orientieren, sind etwas anders als ihre Wünsche. Sie fundieren Interessen mit verschiedenen Qualitäten. Der Rechtsphilosoph Ronald Dworkin macht das zum Trennkriterium dafür, ob Entscheidungen wirklich zu uns passen und unterscheidet zwischen erlebnisbezogenen und wertbezogenen Interessen (Dworkin, 1994). Erstere beziehen sich auf das unmittelbare Erleben, wie gutes Essen oder Schmerzvermeidung. Sie dienen grundsätzlich dem Wohlbefinden und sind recht variabel. Momentan möchte ich vielleicht einen Spaziergang machen, ich werde aber nicht darum kämpfen. Wenn es regnet, bleibe ich dann doch lieber zu Hause. An meinen Lebensentwurf verändert das eine wie das andere nichts. Reizvolle Dinge haben eine punktuelle Bedeutung. Sie sind nicht unwichtig, aber ihr Gewicht ist nicht sonderlich schwer. Demgegenüber stehen hinter wertbezogenen Interessen tief in uns verankerte Überzeugungen, die gewachsen sind und immer wieder bestätigt werden. Sie haben eine größere Bedeutung, weil sie das eigene Leben als Ganzes in der Eigenperspektive gelungener machen. Das setzt Überzeugungsprozesse und differenzierte Werturteile voraus. Dazu zählt, was uns wirklich wichtig ist, wie ein enges Verhältnis zu den eigenen Kindern zu haben oder bestimmte Moralvorstellungen zu vertreten. Wirklich Bedeutsames ist auf das gerichtet, was wir über den Moment hinaus als wesentlich für unser Leben erachten. Das kann natürlich ebenso die Entscheidung sein, keine Kinder zu bekommen oder unsere Moralvorstellungen wieder zu verändern. Es sind subjektive Wertschätzungen, die nicht objektiv richtig sind, sondern für uns persönlich ganz besonders maßgebend. Damit sind die Überzeugungen weder wahr noch falsch, wir halten sie aber für richtig und stimmig für uns. Was im Leben besonders wichtig war, sollte auch im Endstadium maßgeblich sein.

Vielleicht leben wir lange bei guter Gesundheit und ganz ohne Siechtum, vielleicht folgt auf eine kurze Krankheit ein rasches Ende, vielleicht kommt der Tod auch durch Fremdeinwirkung. Menschen können sich auf alle diese Varianten vorbereiten und bei vollem Bewusstsein über sich selbst befinden. Darin ist etwas Idealtypisches verpackt. Wer von einer selbstbestimmten Person nämlich verlangt, dass sie immer gute und überlegte Gründe für ihr Handeln angeben können sollte, fordert in den meisten Fällen sicherlich zu viel. Das eigene Leben verläuft nicht durchgängig überlegt. Niemand kann sich vollständig vorstellen, wie es ist, krank zu sein, bis er es ist. Der kleine Finger tut am meisten weh, wenn er verletzt wurde. Ansonsten wird er kaum genutzt und wenig beachtet. Blutend kann er jedoch plötzlich ins Zentrum der eigenen Aufmerksamkeit geraten. Man staunt dann, dass er sonst ein so unauffälliges Körperteil ist. Bevor etwas schmerzt, können wir den Schmerz nicht wirklich vorwegnehmen, weil wir ihn nicht unmittelbar erfahren. Mit dem Alter ist es ähnlich. Und was unsere Vorlieben angeht: Sie sind zwar nicht unbedingt vernünftig, aber dennoch recht wertvoll für uns. Würden uns lediglich wertbezogene Interessen tragen und ausmachen, wären wir nur halbe Menschen.

In allen Gebrechlichkeitsvarianten gehen wir insgeheim davon aus, dass wir ein Selbst haben, das nicht völlig verschieden von dem Selbst ist, das wir noch vor der Krankheit im Rahmen des Lebensweges hatten. Da Menschen spezielle Wesen mit je eigenen Lebensentwürfen sind, sollen genau diese bis zum Ende bestimmen. Hört man auf Neurowissenschaftler, wird es allerdings ziemlich schwer, überhaupt so etwas wie ein Selbstbestimmungsrecht von Patienten zu begründen, weil ja gar kein lokalisierbares Selbst da ist. Es ist nur ein Konstrukt, gespeist aus vielen Einflüssen, die Überzeugungen ausmachen, die bei anderen Einflüssen aber auch anders aussehen hätten können. Somit würden wir am Ende nur Einflüsse schützen, was eine seltsame Vorstellung ist. Wenn es kein Selbst als Verankerungspunkt gibt, könnten theoretisch nämlich ebenso gut andere über uns entscheiden.

Die zunehmende Bedeutung der Palliativmedizin ist ein Beleg, wie Menschen das Leben selbstbestimmt zu Ende bringen möchten. Zwar wollen die meisten ihre letzten Tage zu Hause verbringen, doch nur die wenigsten schaffen es. Da wäre es doch ein Vorteil zu wissen, wann man angesichts einer schweren Erkrankung sterben muss. Längst arbeiten Wissenschaftler in Modellprojekten an Algorithmen, die den Tod eines schwerkranken Patienten voraussagen sollen. Damit können Behandlungsmethoden sachlich ausgelotet werden. Denn nicht nur Patienten und Angehörige sind angesichts schwerer Krankheitsverläufe unverbesserliche Optimisten in der Prognose der verbleibenden Zeitspanne, sondern nicht selten auch Ärzte, weil sie nur eine begrenzte Anzahl von Erkrankungen pro Tag sehen. Maschinen sind dagegen unbestechlich. Sie können im gleichen Zeitraum Millionen von Daten auswerten und auf anonymisierter Basis Diagnosen und Abschätzungen erstellen, um Palliativmaßnahmen einzuleiten. Sehr verlässlich sind sie bislang allerdings nicht. Kaum erstaunlich gelingt dies um so besser, je kürzer der Abstand zum tatsächlichen Tod ist, also höchstens ein paar Monate. Eine schematische Etikettierung ist etwas anderes als eine individuelle ärztliche Betrachtung, die den wahrgenommenen Zustand mit Erfahrung abgleicht. In sie fließen viele Wahrnehmungen ein, die gar nicht in Zahlen objektivierbar sind. Eine Diagnose ist keine ausschließliche Ansammlung von Fakten, die mit nackten

Daten vollumfänglich beschreibbar sind. Menschen sind ziemlich komplizierte Organismen. Eine Emotion wie subjektive Schmerzen kann ein System beispielsweise nicht lernen. Menschen nehmen sie dagegen mit größter Sensibilität wahr, weil sie empathiefähig sind und Schmerzen nachempfinden.

3.6 Die Dystopie der Unendlichkeit: KI dürfte sich langweilen

Künstliche Intelligenz kann alles Mögliche berechnen, Probleme lösen und Entscheidungen treffen. Dabei besitzt sie zumindest theoretisch keine zeitlich gebundene Endlichkeit. Sie kann einfach weiterrechnen, solange die Energiezufuhr ausreichend ist. Es ist also absolut schlüssig, dass ein KI-System länger überdauern wird, als ein einzelner Mensch je alt werden kann. Ist sie deshalb aber auch klüger? Sogar wenn derartige Systeme in der Lage sein sollten, alle denkbaren Varianten bei Aufgaben sehr schnell durchzuspielen und richtige Schlüsse daraus zu ziehen, fehlen ihnen Fähigkeiten wie ein Bewusstsein des eigenen Erlebens, eine Selbstreflexion auf ein Ende hin und eine Willensfreiheit, die letzte Lebensphase zu gestalten. Alles Eigenschaften menschlicher Organismen. Folgt man zudem existenzialistischen Überlegungen, wird KI aufgrund ihrer nicht vorhandenen Sterblichkeit keine wirklich eigenständigen Ziele verfolgen oder individuelle Pläne machen. Sie ist kein Mangelwesen, sie spürt nicht den Druck des irgendwann unweigerlich eintretenden Lebensendes, der sie auf sich selbst zurückwirft und zur für sich selbst verantwortlichen Eigenaktivität antreibt. Da KI keine eigenen Prioritäten für sich selbst setzt, ist für sie alles Einerlei. Ohne Vergänglichkeit ausgestattet und mit einer

Ewigkeitsperspektive versehen, dürfte alles gleichermaßen bedeutsam oder unwichtig und somit wertneutral langweilig sein. Das beliebige Durchspielen von Möglichkeiten ist weder subjektiv noch objektiv interessant, es ist indifferent, sofern es keine Auswirkungen auf ein Gefühl der eigenen Subjektivität hat. Würde sie ein rudimentäres Bewusstsein entwicklen, wie sich manche KI-Experten wünschen, wäre es von Langeweile erfüllt. Kein menschlicher Kopf wird mit der Rechenleistung von Maschinen mithalten können. Schon simple Taschenrechner sind viel besser als Kopfrechner. Aber Körperlichkeit, Emotionalität und Endlichkeit sind für das Phänomen Bewusstsein zentraler, als Technik-Optimisten meinen.[6]

Trotzdem schreiten die Überlegungen und Planspiele voran. John Irving Good, ein Mathematiker und Kollege von Alan Turing, hat den Begriff Singularität für Maschinen geprägt, die in der Lage wären, ihrerseits Maschinen zu schaffen, die intelligenter sind als Menschen. Es könnte auf diesem Weg zu einer gewaltigen Intelligenzexplosion kommen, die alle Gedankenfähigkeit des Menschen weit hinter sich lassen würde, weil diese intelligente Maschine ihrerseits wiederum eine sie selbst überragende ultraintelligente bauen könnte. Zunächst einmal klingt das wie ein recht weltfremdes Gedankenspiel von Posthumanisten, das einer zu einfachen Logik folgt. Möglicherweise ist aber doch mehr dran als reine Sensationslust. So warnt der schillernde Unternehmer Elon Musk regelmäßig vor der Entwicklung autonom werdender KI-Systeme. Gleichzeitig hat er neben Tesla, SpaceX und Hyperloop mit OpenAI und Neuralink die

---

[6] Nur wenn man davon ausgeht, dass Lebewesen eine evolutionäre Ansammlung von Algorithmen und biochemischen Systemen sind, kann man auf den Gedanken kommen, dass Algorithmen Menschen besser verstehen werden als diese selbst es können. So etwa Harari (2018).

Entwicklung künstlicher Intelligenz und deren Vernetzung mit dem menschlichen Gehirn im Blick und will sie vorantreiben. Die Idee ist eine implantierbare Computer-Gehirn-Schnittstelle. Mit ihr würde ich allein durch meine Gedanken ohne Umweg Dinge in der Wirklichkeit auslösen, beispielsweise etwas so Triviales wie eine Kaffeemaschine in Gang setzen. Bei extrem starken körperlichen Einschränkungen dürfte das bei manchen Hoffnung auf die Einlösung eines medizinischen Versprechens auslösen.

Neurotechnologen arbeiten schon seit geraumer Zeit intensiv an Computer-Gehirn-Schnittstellen, der medizinische Nutzen verspricht enorm zu sein. Ein Ziel ist beispielsweise, in menschliche Gehirne Chips zu implantieren, um Blinde sehend zu machen, Gelähmte gehend und Taube hörend. Die Hirnstimulation soll einerseits fehlende Impulse auslösen und andererseits aus Aktivitäten bestimmter Areale klare Absichten erkennen und bestehende Handlungswünsche ableiten. Bei Patienten, die an eine Bewegung denken, sie aber nicht ausführen können, vermag das derart übersetzte Signal eine Roboterhand in Gang zu setzen oder ein Exoskelett zu mobilisieren. Und nicht nur das. Verlorene Funktionen des Nervensystems könnten bei Schlaganfallpatienten zurückkehren. Und zwar allein dadurch, dass die entsprechende Nervenaktivität angeregt wird und neue Verbindungen entstehen, die durch die Krankheit verloren gegangene Aufgaben übernehmen. Was ist ein derartiges Implantat? Welchen Status hat es? Die Frage ist nicht nur, wem es gehört. Vordringlicher ist, wer die Steuerung hat, und wie man mit einem derartigen Implantat umgeht, wenn die Herstellerfirma nicht mehr existiert, oder die Weiterentwicklung der Software aufgegeben wurde. Verflochtene Gehirn-Chips sind nicht zu vergleichen mit ersetzbaren Herzschrittmachern.

Denkt man die Maschine, die damit gesteuert wird, wesentlich komplexer, gedanklich schneller und geschickter als Menschen es sind, ist der Prozess auch umkehrbar. Von wem auch immer - gedankengesteuerte Computer könnten ihrerseits Gedanken steuern, und der Einzelne würden es womöglich noch nicht einmal als Störgefühl merken. Auf einer weiteren Entwicklungsstufe ist mit etwas dystopischer Phantasie vorstellbar, dass das Bewusstsein einer Person von einer KI kopiert wird und in ihr gewissermaßen ein paralleles oder künftiges Eigenleben führt, wenn sie gestorben ist. Der Wunschtraum des im Bewusstsein überdauernden Weiterlebens, wenn er denn wirklich einer sein sollte, erweist sich allerdings als Sackgasse (Zizek, 2020). Die von einem Individuum wahrgenommene Realität ist nämlich kein Bild im Kopf, sondern außerhalb existent. Selbst wenn eine KI es schafft, das Gehirn vollständig zu reproduzieren, fehlt ihr der unmittelbar dazugehörige Körper. Sie kann niemals meine Erfahrungen besitzen, weil sich diese aus vielfältigen Interaktionen speisen, die schlichtweg körperlich, vergänglich und unperfekt sind. Denn Fehler machen Menschen ebenso sehr aus wie richtige Deutungen und Schlussfolgerungen. Eine Person ist kein Fotoapparat, der Reize aus der Wirklichkeit abbildet und deshalb auch nicht auf einen körperlosen Zustand reduzierbar. Und der Körper ist keineswegs eine Hülle, die durch Gedanken gesteuert wird. Wir alle sind in unseren Körper so eingebettet, dass unser Selbstbewusstsein ein unaufhebbar mit ihm verschränkter Teil ist.

Davon abgesehen, dass Neurowissenschaftler das Gehirn noch gar nicht erschlossen haben, und auch davon abgesehen, dass ein Phänomen wie Bewusstsein weder durch Physik noch Informatik beschreibbar ist, gibt es jenseits technischer Realisierbarkeit weitere Schwierigkeiten grundsätzlicher Art. Wenn man nicht herausfindet, wie etwas funktioniert, könnte dessen Komplexität das jemals mögliche Wissen übersteigen. Dafür gibt es eine Reihe von Indizien. Selbst den besten vorstellbaren

Computern fehlt das Gespür für Situationen, in denen sie sich befinden. Weder haben sie die Möglichkeit zu lachen, noch ist ihnen gegeben, in Tränen auszubrechen. Ihnen fehlt Intuition, Emotionalität, Sinnlichkeit und gerade deshalb Intentionalität.[7] Sie können einen Möglichkeitsraum in aller Gründlichkeit durchlaufen, den besten Weg ausleuchten und nahezu jede Aufgabe lösen. Sie suchen nach Mustern, Ähnlichkeiten, nicht aber nach Regelbrüchen. Sie erzeugen sie auch nicht willkürlich. Deshalb sind sie nicht kreativ. Ihre Stärke ist Genauigkeit, die menschliche Stärke ist dagegen die menschliche Schwäche der Flüchtigkeit und Verwundbarkeit, die sie zu Ungewöhnlichem befähigt. Dazu gehört, nicht nur zielgerichtet logisch zu denken, sondern ebenso mäandernd assoziativ, ohne dass die Kontrolle darüber beansprucht wird. Deshalb kommen die besten Ideen oftmals beim Tagträumen, im Halbschlaf, beim Spaziergang oder unter der Dusche (Klein, 2021). Das Gehirn braucht Pausen, also Zeit zur Entspannung, es kann nicht permanent auf Hochtoren laufen und dabei innovativ oder produktiv sein. Wenn man das verbissene Fokussiertsein loslässt und Gedanken ziellos schweifen lässt, ergeben sich Lösungen, die jenseits der Routine liegen.

Menschen sind in der Lage, Absichten zu erleben und individuelle Prioritäten für ihre Existenz zu setzen, weil sie gar nicht anders können. Mit der Umwelt sind sie verwoben und mit sozialen Zusammenhängen unentwirrbar zusammengeschlossen. Wir haben uns evolutionär so

---

[7] Menschen können sich auf Gegenständliches beziehen, wie einen Stuhl, aber ebenso auf Nicht-Gegenständliches, wie Trauer. Dafür haben sie Begriffe erfunden. Sie wissen, dass sie selbst diesen Bezug herstellen, und dass für andere Menschen das Gleiche gilt: eine Konvention. Es ist ein gemeinsames Objekt der Aufmerksamkeit, auf das ein Begriff angewendet wird. Manche Anthropologen nennen dies Ultrasozialität. Geteilte Intentionalität ist ein zentrales Merkmal der Ultrasozialität menschlicher Kommunikation.

entwickelt, dass unsere Gehirne dem Fortbestand unseres Organismus dienen, sie helfen uns zu überleben. Der Schlüssel liegt neben vielen unvorhergesehenen Parametern, die durch die Umgebung beeinflusst werden, in der eigenen Körperlichkeit. Soll KI dahin kommen, dass sich ihre Daten für sie irgendwie bewusst anfühlen, können diese nicht aus sturen und sei es auch noch so komplexen Berechnungen stammen. Wie sollen sie aber intentional werden, wenn ihnen das Körperhafte fehlt? Folgt man dieser Überlegung, ist Körperlichkeit eine Grenze, die KI nicht erreichen kann. Der Organismus eines Lebewesens ist in einem Jahrtausende langen Prozess evolutionärer Anpassung an die Umwelt entstanden. Es gab überhaupt keinen Plan dafür, es gab noch nicht einmal ein Ziel. Durchgesetzt hat sich in einem steuerungsfreien Prozess, was unter veränderten Bedingungen am besten überlebensgeeignet war. Nichts wurde konstruiert und dann verbessert, sondern alles hat sich aus zufälligen Veränderungen heraus gegen andere mögliche Varianten durchgesetzt. Eben weil es zu diesen veränderten Bedingungen etwas besser gepasst hat. Ein blinder, aber selektiv erfolgreicher Weg. Die Natur selbst hat an ihm gebaut und dafür sehr viel Zeit zu Verfügung gehabt. Dazu ist es notwendig, dass das Individuum verletzlich und sterblich ist, also wieder verschwindet, damit neue und somit etwas andere Körper einen eigenen Lebensentwurf starten können. Wie gut das gelingt, ist offen. In Zellen ist die Endlichkeit einprogrammiert, was Menschen zu bewussten Lebensentwürfen und Bewertungen geführt hat. Und nur die hinfällige körperliche Existenz zwingt, sie zu schützen, wobei die Gehirne dabei aber ziemlich gut helfen.

4

Die Erfindung des Selbst: Mehr oder weniger als Selbstbewusstsein?

Das Selbst ist eine Erfindung der Moderne. Es steht für Bewusstsein, Selbstbewusstsein und Personalität. Experten versuchen der KI Lernen zu implantieren. Menschliches Lernen funktioniert trotzdem anders. Nämlich nicht durch exakte Ähnlichkeitsmuster und gradlinige Schlüsse, sondern mithilfe von Unschärfen, Mut zur Lücke, absurden Umwegen, chaotischen Entscheidungen und produktiven Pausen. Das Selbst hat keinen physischen Ort, es beruht auf der Fähigkeit zu begreifen und sich dessen bewusst zu sein. Menschen können eine Selbstperspektive einnehmen, sie ist aber kein fassbares Ding oder schlichte Datenverarbeitung. Noch kann Wissenschaft nicht erklären, wie genau das Bewusstsein physikalisch funktioniert. Das Selbst bleibt ein Rätsel.

© Der/die Autor(en), exklusiv lizenziert an Springer-Verlag GmbH, DE, ein Teil von Springer Nature 2023
H. Reisch, *Das verflixte Selbst*,
https://doi.org/10.1007/978-3-662-67491-8_4

4.1   Drang nach Abgrenzung: Über Selbständigkeit und Individualität

Einer gerne zitierten Anekdote zufolge begegneten sich Alexander der Große und der kynische Philosoph Diogenes von Sinope einmal in Korinth. Kyniker waren frühe Anarchisten, sie machten sich frei von materiellen Abhängigkeiten, folgten keinen Konventionen und lebten äußerst bescheiden von dem, was sie fanden. Diogenes gilt geradezu als ein Musterbeispiel der Bedürfnislosigkeit, sein Zuhause war ein großes Fass. Dementsprechend reagierte er auf Alexanders großzügiges Angebot, ihm einen beliebigen Gefallen zu erfüllen, mit einer ironischen Antwort: „Geh mir etwas aus der Sonne!". Das Motiv mag eine Abneigung gegen alle Formen von Herrschaft gewesen sein, vermutlich auch eine Verachtung verführerischer Wünsche, vor allem aber steht diese Geschichte für den souveränen Ausdruck eigener Autonomie. Diogenes war unabhängig und wollte nicht, dass der Schatten des Eroberers Alexander auf ihn fällt, noch nicht einmal durch das Zusagen eines Gefallens. Er hat seine Überzeugung und Lebensentscheidung gegen den Übermächtigen verteidigt. Aber er wäre niemals auf den Gedanken gekommen, dass ihn dabei sein Selbst leitet. Denn es gab vor der Neuzeit und ihrem Subjektivismus überhaupt keinen derartigen Begriff.

Heute sprechen Wissenschaftler von personaler Identität, von Kennzeichen der Individualität, von einer Einheit des Bewusstseins im Selbstbewusstsein und von Subjektivität als Ausdruck der Lebendigkeit. Selbstbestimmung ist ein Schlüsselwort der Moderne und der unbändige Hang zur Selbstverwirklichung ein Ausdruck des Zeitgeistes. Das Selbst wird als Konzept vor allem in westlichen Gesellschaften großgeschrieben. Es war jedoch nicht schon immer da, sondern musste erst einmal erfunden werden. Das passierte zwei Mal, und zwar aus ganz unterschiedlichen Überlegungen heraus. Zuerst haben Philosophen den Begriff eingeführt und geprägt, ihn aus bestimmten Gründen dann aber wieder fallen gelassen. Daraufhin haben ihn Psychologen aufgegriffen und für ihre Beobachtungen übernommen. Sie hantieren noch heute mit ihm, vor allem die Entwicklungs- und Sozialpsychologen.

Über besonders wichtige Dinge in unserem Leben wollen wir selbst bestimmen. Die meisten glauben nicht mehr an weltenthobene Schicksalsmächte, die uns wie Marionetten am seidenen Faden führen. Sogar in strenge religiöse Systeme sind bestimmte Freiheitsmomente eingebaut. Manche absichtsvoll, weil sie die freie Entscheidung zu etwas hervorheben. Manche notgedrungen, weil es offensichtlich Menschen gibt, die den Vorgaben nicht folgen und einen falschen Weg einschlagen. Auch der Gedanke, ohne eigenen Einfluss nur ein Spielball von anderen Menschen zu sein, wirkt nicht sonderlich attraktiv. Denn kein anderer außer mir selbst lebt genau dieses Leben, das ich gerade lebe. Meiner eigenen Existenz drücke ich für mich spürbar und für andere sichtbar einen ganz eigenen Stempel auf. Dahinter könnte mein Selbst stehen.

Natürlich ist kein Mensch der absolute und somit von äußeren Einflüssen völlig unabhängige Herrscher seiner selbst. Denn Individualität besteht vor allem darin, auf eine subjektive Art mit gegebenen Möglichkeiten umzugehen, die eine objektiv bestehende Wirklichkeit zuführt. Aber auch wenn ich in erster Linie auf die mich umgebende Umwelt reagiere, die vor und unabhängig von mir besteht, bin immer noch ich es, der dies tut. Für die einen gehört hierzu ein hohes Maß an Unabhängigkeit und Selbständigkeit, auf das sie stolz pochen. Für die anderen hat die Eingliederung in eine Gemeinschaft, die ihnen Halt gibt, einen höheren Stellenwert. Dennoch würde sich kaum jemand völlig freiwillig in die Abhängigkeit der Kontrolle anderer begeben, ohne selbst irgendetwas dafür zu bekommen, und sei es eine indirekte Aufwertung, wie Teil von etwas Großem zu sein. Zumindest mittelbar möchte jeder selbst davon profitieren. Wie auch immer die konkrete Gestalt der Selbstbehauptung aussieht, und wie stark sie tatsächlich ausgeprägt wird, sie ist unweigerlich da. Das haben Psychologen in aller Ausführlichkeit durchleuchtet.

Zur menschlichen Grundausstattung gehört, sich als eigenständig erleben zu können und Eigeninteressen mehr oder weniger gut durchzusetzen. Innerhalb der individuellen Entwicklung gibt es viele Schalter, die auf dem langen Weg nach und nach umgelegt werden. Die Laufbahn der Selbstbehauptung beginnt früh. Etwa das erste Mal auf zwei Beinen zu laufen, was von einem Jauchzen begleitet wird. Oder das Nachahmen von Lauten, Stimmen und irgendwann Wörtern, was das Umfeld mit Freude quittiert. In dieser Reihe lassen sich zahlreiche Ereignisse aufführen: das faszinierte Staunen über Lichter und Töne, das gestische Zeigen auf etwas im Raum, der mühsame Versuch des Turmbaus, das bewusste Erkennen des eigenen Bildes im Spiegel, die spielerisch artikulierten Silben. Blicken, Rufen, Bewegung, Spielen, Gesten und Zeichen, das alles brauchen Menschen für ein gutes Heranwachsen. Um das zweite Lebensjahr herum geschieht dann noch etwas Entscheidendes: Kleine Kinder sagen auf einmal „nein", ein qualitativer Sprung. Plötzlich ist da eine Person, die ihren eigenen Willen in allgemein verständlicher Sprache bekundet: Nein, das will ich nicht. Bislang musste das irgendwie vermittelte Nichteinverstandensein richtig gedeutet werden. Jetzt ist es unversehens klar formuliert. Entwicklungspsychologen nennen diese Passage die Autonomiephase, sie gilt als ein bedeutender Teil des notwendigen Ablösungsprozesses und der frühen Ichbildung (Steinebach, 2000).

Menschen machen im Verlauf ihrer frühkindlichen Entwicklung zunehmend die Erfahrung, dass sie eine eigenständige Person sind. Das symbolische „nein" ist dafür ein gebündeltes Ausrufezeichen. Vornehmlich geht es um die fortschreitende Abgrenzung gegenüber der Welt sowie anderen Menschen: Ich, Du und Objekte sind in der Wahrnehmung nicht mehr unterschieden eins oder diffus schwammig, sondern allmählich differenziert. Im weiteren Ablauf werden sie dann immer deutlicher getrennt. Grenzen der zugelassenen Vereinnahmung werden abgesteckt und die Welt auf eigene Faust entdeckt. Kinder lernen zeitgleich, dass sie ungeordnete Gefühle haben, die sie anfangs noch überhaupt nicht, aber dann immer besser auseinanderhalten und beherrschen können. Sie entwickeln nicht nur eine eigene Willenskraft, sondern einen eigens artikulierten Willen. Sie verfolgen Ziele, sie bilden Wörter und Sätze, es kristallisiert sich schrittweise ein Ich-Bewusstsein heraus. Das „nein" signalisiert ein noch verschwommenes Selbstbewusstsein und bringt im gleichen Zug die individuelle Persönlichkeitsentwicklung einen gehörigen Schritt voran.

Das Selbst wird dabei aus Gefühlen und einem Wissen gefüttert, etwas bewirken zu können. Dazu braucht es ein Außen, in dem sich die Wirkung sichtbar niederschlägt. Es erwächst nicht ungebremst aus dem Inneren heraus, sondern muss sich an etwas Widerständigem abarbeiten. Weder ist es von Anfang an voll entwickelt, noch entsteht es wie ein genetisches Programm aus der Instinktbindung. Zunächst einmal wird dieser Schritt vorbereitet: durch die Fähigkeit, Objekte außerhalb seiner selbst zu erfassen und kontrollieren zu können. Krabbeln durch den Raum eröffnet die Erfahrung neuer Gegenstände im Umfeld.

Die Aufmerksamkeit wird auf Objekte gerichtet und mit anderen Kindern oder Erwachsenen geteilt, sodass sie in die eigenen Aktivitäten eingebunden werden. Es werden Ziele verfolgt und Versuche unternommen, gemeinsam etwas zu machen. Unter psychologischen Gesichtspunkten ist das Selbst ein gleichermaßen kognitives wie soziales Konstrukt, das in der Interaktion mit bedeutsamen Personen im Umfeld geschaffen wird. Zum Selbst gehört vor allem die Erfahrung, dass es auch ein Nicht-Selbst gibt.

Wenn man der Vereinfachung halber auf das Ausloten von Bedeutungstiefen verzichtet, besagen Selbst, Ich und der zeitgenössische Begriff personale Identität heutzutage weitgehend das Gleiche. Zumindest werden sie oftmals synonym verwendet. Sie beschreiben unterschiedliche Dimensionen des gleichen Sachverhalts. Die intensive Auseinandersetzung mit dem denkenden Ich und dem Selbstbewusstsein ist über Jahrhunderte hinweg ein klassisch philosophisches Thema gewesen, die systematische Beschäftigung mit dem Selbsterleben und den Ichinstanzen von Beginn an eines der Psychologie. Darin stecken Elemente unserer Identität, wobei nach wie vor schwierig bleibt, was die im Ganzen gesehen ausmacht.[1] Schließlich gehört die biologische Ausstattung ebenso dazu, wie Bewusstsein, Gedächtnis, individuelle Wertorientierungen, unterschiedliche psychische Zustände und eine Vielzahl sozialer Beziehungen. Unabhängig von diesen Einzelfaktoren können sich Menschen durchaus als Träger eines bewussten und einheitlichen Selbst erfahren und darüber nachdenken. Als Personen haben

---

[1] Schon die Einzahl ist nicht unstrittig, da wir in viele soziale Rollen hineinschlüpfen und dadurch mehr heterogen als homogen sind. Manche meinen deshalb, dass wir eine multiple Einheit ohne feste Identität bilden. Auch das kann mit dem offeneren Begriff Personalität ausgedrückt werden.

sie nicht nur allgemeine Eigenschaften, sondern vor allem individuelle Eigenarten.

Eine ideengeschichtliche Erkundungstour veranschaulicht, wie es überhaupt dazu gekommen ist, von einem „Selbst" zu sprechen. Frühkindliche Forschung ist ein vergleichsweise junger Wissenschaftszweig, der das Verständnis von aufeinander aufbauenden Stufen der Fortentwicklung und Reifung erweitert hat. Die systematische Beschäftigung mit dem Selbst ist wesentlich älter. Die Begriffsbildung verdankt sich den Überlegungen der Philosophie des 18. Jahrhunderts. In dieser Epoche verbreitete sich eine Gedankenwelt rund um die Idee der Autonomie, also der Freiheit des Einzelnen und seinem Selbstbestimmungsrecht. In diesem Zusammenhang mussten Fragen beantwortet werden, was Freiheit und das Selbst als dessen möglicher Träger überhaupt sind, und woraus sie sich nähren. Heutzutage sind Kategorien wie Selbstständigkeit, Selbstsicherheit, Selbstverwirklichung, Selbstwirksamkeit, Selbstermächtigung und jede Menge anderer Zusammensetzungen mit dem Wort Selbst ein gängiger Teil des Sprachgebrauchs. Damals waren sie es nicht.

4.2 Ein Begriff wird geboren: Wie Philosophie auf das Selbst kam

Diskursiver Wegbereiter des Selbst, engl. „the Self", war John Locke, ein englischer Arzt, Philosoph und politischer Berater im ausgehenden 17. Jh. Er hat den Ausdruck zwar nicht ganz allein erfunden, aber erst er hat ihn richtig groß gemacht. Locke fragte sich, wie der Verstand arbeitet, und was unsere Identität wohl ausmacht, wenn wir zum Zeitpunkt der Geburt doch erst einmal ein leeres Blatt sind und noch nicht einmal Begriffe kennen: tabula rasa. Wenn nun wirklich alles aus nachgeburtlichem Lernen und Erfahrungen stammt, muss dies letztendlich auch für das gelten, was ein Individuum im Innersten kennzeichnet. Das war neu: Weder ein körperloses Ich, noch eine Seele oder eine anderweitige unabhängige Substanz bestimmt über die Identität, es ist unsere eigene Existenz und nur das, was wir in ihr erleben. Wenn sich das Bewusstsein erst allmählich bildet und weiter aufbaut, müsste das Selbst analog das Ergebnis einer bestimmten Erfahrung sein, die ich mache. Zu klären war nur noch, worin sie genau besteht. Locke hat sich für eine Zeitwahrnehmung entschieden: Es ist die erlebbare Dauer entlang unterschiedlicher Zeitpunkte. Menschen erfassen sich als etwas, das über Zeiten und Orte hinweg in der eigenen Selbstwahrnehmung immer dasselbe bleibt. Die klarsichtige Selbstbeobachtung führt in Kombination mit reflexivem Denken zu einer fortdauernden Erlebniskonstanz, einem Selbst.[2] Das wäre der Normalfall, was nun nachweislich auch in Locke's eigenem Beobachtungshorizont nicht sämtliche Menschen gleichermaßen geschafft haben. Eine Ausnahme von der Regel haben für ihn Wahnsinnige dargestellt, die verschiedene Identitäten einnehmen und somit über kein stabiles Selbst verfügen. Heutige Psychologen sehen darin das Krankheitsbild einer dissoziativen Identitätsstörung, früher auch als multiple Persönlichkeit bezeichnet. Davon Betroffene erinnern sich nicht an Dinge, Ereignisse oder persönliche Informationen, an die man sich normalerweise völlig problemlos erinnern können müsste. Es gelingt ihnen einfach nicht, das alles in

---

[2] Der Mensch ist „ein denkendes, verständiges Wesen, das Vernunft und Überlegung besitzt und sich selbst als sich selbst betrachten kann. Das heißt, es erfasst sich als dasselbe Ding, das zu verschiedenen Zeiten und an verschiedenen Orten denkt". (Locke, 1981, S. 419)

eine kohärente Identität zu integrieren. Die Fäden laufen
bei ihnen nicht zusammen.

Locke war Empiriker und Staatstheoretiker, kein
Psychologe. Ihn trieben ganz praktische Überlegungen.
Bei der Auseinandersetzung mit dem Selbst hatte er haupt-
sächlich die juristischen Konsequenzen vor Augen. Es ist
nämlich fragwürdig, ob Menschen mit massiven Identi-
tätsstörungen überhaupt eine eindeutige Verantwortung
für das eigene Handeln zugeschrieben werden kann. Und
das in zweierlei Richtungen: im positiven Sinn bei eigenen
Leistungen, im negativen bei verübten Straftaten. Ein
Mensch, der morgen etwas ganz anderes wäre als heute,
und deshalb auch gar nicht mehr wissen könnte, was
gestern durch sein Handeln geschehen ist, könnte morgen
auch nicht mehr für das zur Verantwortung gezogen
werden, was er gestern gemacht hat. Er wäre äußerlich
betrachtet zwar immer noch derselbe Mensch, erkennbar
an seinen physischen Merkmalen, aber eigentlich nicht
mehr dieselbe Person, weil ihm die Erinnerung an sich
und seine früheren Handlungen komplett fehlt. Juristen
brauchen aus naheliegenden Gründen ein verantwortliches und somit haftbares Subjekt für Lohn und Strafe,
dem eine eindeutige Identität und Zurechnungsfähig-
keit zugeordnet werden kann. Deshalb ist die Frage eines
fortdauernden Bewusstseins nicht irgendein abgehobenes
Thema, sondern eines mit weitreichenden Konsequenzen.
Locke verfiel auf die naheliegende Lösung, es im Erleben
eines Selbst zu finden. Ich kann im besten Fall der Tatsache nicht ausweichen, dass ich weiß, dass ich es immer
noch bin und vor allem gewesen bin, der gehandelt hat:
Das wäre ein konstantes Selbst im Sinn von Locke, das
Verantwortung für sein Tun trägt.

Kaum behauptet, wurde das Selbst auch schon wieder
infrage gestellt. David Hume, ebenfalls ein Empiriker, hat
ein paar Jahrzehnte später zwar nicht das genaue Gegen-

teil behauptet, aber doch den eigenständigen Träger des Selbstgefühls grundsätzlich bezweifelt. Laut Hume werden unsere Vorstellungen nämlich von Sinneseindrücken gefüttert, die nicht zwingend ein Selbst brauchen. Bei Locke stehen wir gewissermaßen neben uns und erfassen, dass wir unabhängig von Ort und Zeit sowie sonstigen Gegebenheiten dasselbe sind. Das Selbst ist als Konstante ausgebildet und beobachtet sich. Bei Hume rauschen die Außenweltendrücke dagegen durch uns hindurch und hinterlassen ihre Spuren, was uns ständig, wenn auch minimal, aufs Neue ausrichtet. Sie benötigen lediglich eine Bühne, auf der sie immer wieder neu stattfinden. Dafür ist ein Wahrnehmungsapparat erforderlich, der auf spezifische Reize geeicht ist. Für das Problem, warum wir bei dem erwartbaren Durcheinander dennoch ein unabweisbares Konstanzgefühl ausbilden, hatte er eine andere Lösung parat: Wir sind es gewohnt, in Kausalitäten zu denken, liegen damit aber leider nicht immer richtig. Aufgrund eines Kausalitätsirrtums unterstellen wir in dem Fall einen ursächlichen Träger der aufeinanderfolgenden Empfindungsmomente und titulieren es Selbst: Die Wirkung lässt auf eine Ursache schließen, in der jedoch einzig eine Gepflogenheit steckt. Demnach gehen wir erst nachträglich davon aus, dass da ein Etwas ist, so als säßen wir im Zuschauerraum unseres eigenen Selbst, das wir auf der Bühne beobachten und für wirklich gegeben halten. Real sind indessen nur die Wahrnehmungen. Die vorgängige Existenz des Selbst wäre demzufolge eine verständliche, aber trotzdem falsche Erklärung.[3]

---

[3] Wir sind nichts „als ein Bündel oder ein Zusammen verschiedener Perzeptionen, die einander mit unbegreiflicher Schnelligkeit folgen und beständig in Fluß und Bewegung sind (…) es gibt keine Kraft der Seele, die sich, sei es auch nur für einen Augenblick, unverändert gleich bliebe". (Hume, 2013, S. 309)

In diesem Modell schickt uns die Außenwelt ohne Unterlass Sinnesreize, die wir assoziativ verknüpfen. Dabei folgen Eindrücke und die von ihnen erzeugten Bewusstseinsinhalte aufeinander wie Flusswellen, die das Seitenufer langsam verändern. Die Fantasie schreibt diesen von ständigen Impulsen gespeisten Bewusstseinsstrom dann einem scheinbar kontinuierlichen Fluss zu und tauft ihn „Selbst". Aus dem nachträglichen Welleneffekt wird mit einem Mal eine vorgängige Ursache. Was den Geist laut Hume in Wirklichkeit steuert, ist ausschließlich die Macht der Gewohnheit. Traut man der Beobachtung, würde es reichen, dass das Selbst ein Sammelsurium aus verstreuten Wahrnehmungen ist, die einfach zusammengebunden werden. In der Blattmetapher von Locke gesprochen: Die bei der Geburt noch unbeschriebenen Blätter werden nach und nach durch Wahrnehmungen und Erfahrungen beschriftet. Das Zusammenbinden zum Buch unseres Lebens kommt erst danach. Hume hat das Ich unter anderem mit einem Gemeinwesen verglichen, das aus verschiedenen Gliedern besteht. Es kann seine Verfassung ändern, sich also neu konstituieren und somit eine veränderte Identität geben. Dennoch besitzt es dabei keinen alleinigen Urheber oder festen inneren Kern. Es besteht vielmehr aus vielen Elementen, die in einem künstlichen Akt zusammengeschlossen werden und einen Namen erhalten, als wäre es eins.

Das Zeitalter der Aufklärung hat mit einer großen Menge an damals üblichen Vorstellungen gebrochen und neue Ideen ins Rollen gebracht. Weder in der Antike noch im Mittelalter dachte man ernsthaft daran, dass Menschen ein Selbst besitzen. Auch die Kategorie Ich spielte keine große Rolle. Denn in diesen Epochen besaßen weder Bewusstsein noch Selbstbewusstsein eine besondere Bedeutung für die Stellung des Menschen in der Welt. Fragen zum Selbst oder Ich kamen für die Gelehrten

nicht in den Blick. Zwar gab es in der Antike die Aufforderung, sich selbst zu erkennen, sich um sich selbst zu
sorgen und vor allem nicht den Affekten zu unterliegen,
sich also weitgehend selbst zu beherrschen. Aber derartige
Ermahnungen bewegten sich allesamt im Horizont einer
Tugendethik, der es in erster Linie um die eigene Vervollkommnung durch die maßvolle Ausgewogenheit verschiedener Seelenanteile geht. Zum Glück sollte demnach
nur ein Weg führen, nämlich eine unaufgeregte Ruhe
und Überlegtheit. So verstand Platon Mut und Begehren
als antreibende Kräfte, die durch eine steuernde Vernunft im Zaum gehalten werden müssen. Und Aristoteles
plädierte für Maß und Mitte als Kompassgrößen, die
zwischen affektiven Extremen klug vermitteln sollen:
Tollkühnheit und Feigheit beispielsweise bilden in seiner
Tugendskala zwei gegensätzliche Endpunkte mit überlegter Tapferkeit als einer gelingenden Mitte. Es geht in
antiken Konzeptionen weder um eine personale Identität
noch um ein subjektives Bewusstsein, sondern um eine
Homöostase, den gut regulierten Ausgleich im Meer der
unbändigen Übertreibungen.[4]

Die mittelalterliche Theologie hat anschließend zwar
einen Weg zu einer sehr speziellen Innerlichkeit gebahnt,
sie fand deren eigentlichen Sinn aber ausschließlich im
religiösen Glauben. Dazu brauchte sie eine christlich
umkodierte Seelenkonzeption. Prüfende Rückwendungen
auf das eigene Ich dienten ausschließlich dazu, in einer
göttlich gut gefügten Welt aufzuwachen.[5] So sollten Seele

---

[4] Dem entsprechen im asiatischen Denken bestimmte Prinzipien des
Konfuzianismus: Es gibt den eigenen Blick als persönliche Perspektive, aber es
geht gleichzeitig immer um die Selbstkultivierung innerhalb der Gemeinschaft,
sodass er nicht nach außen gekehrt überdeutlich und beherrschend wird.

[5] Die Abkehr von der Außenwelt steuert den Blick nach innen: „Geh nicht
nach draußen, kehr wieder ein bei Dir selbst! Im inneren Menschen wohnt die
Wahrheit." (Augustinus, 1983, S. 123)

und Geist als eigenständige Substanzen von den Fesseln der körperlich-triebhaften Existenz, einer ganz anderen und vor allem vergänglichen Substanz, befreien. Der Weg zum Glück bestand nun vor allem darin, die Wahrheit des Selbstbezugs in einer dahinter liegenden göttlichen Ordnung und Gnade zu finden. Die Erforschung des eigenen Lebens, die radikale Umkehr und die erhoffte Erlösung steuerten den Rückbezug zielstrebig ins eigene Innere und hin zu einem Gewissen, das sich um das eigene Seelenheil sorgt. Wenn es in dieser Epoche überhaupt ein subjektives Bewusstsein gibt, dann ist es kein souverän verfügendes wie in der Moderne,[6] sondern ein auferlegtes Sündenbewusstsein, das aus der innerweltlichen Zerstreuung zum wahren Glauben herauskatapultieren soll.

Mit derartigen Substanzunterstellungen eines inneren Wesens oder einer körperlosen Seele, die unsere Identität von Anfang an ausmachen, haben Locke sowie Hume gebrochen und dauerhaft aufgeräumt. Aber gleichzeitig haben sie ein anderes Problem hinterlassen. Es ist nämlich kaum vorstellbar, dass Erinnerung oder Gewohnheit so ganz nebenbei oder irgendwie zufällig ein Selbstbewusstsein wie einen Begleiteffekt erzeugen. Denn dazu müssten im Grunde genommen auch andere Lebewesen in ähnlichem Maß fähig sein, sofern sie Erinnerungen haben und Gewohnheiten folgen. Beiden Denkern kam das nicht in den Sinn. Im Übrigen müsste das aus heutiger Sicht einer KI noch wesentlich besser gelingen, denn sie verfügt im Vergleich zur Kapazität eines einzelnen Menschen nicht nur theoretisch, sondern auch praktisch über viel größere

---

[6]Taylor macht als thematische Quellen des Selbst in einer historischen Betrachtung vor allem das Christentum und die Romantik aus. Für die Gegenwart diagnostiziert er eine überforderte Innerlichkeit, der die stabilisierende Orientierung einer übergeordnet bindenden moralischen Dimension fehlt (Taylor, 1996).

Datenspeicher. Vergessen kennt sie nicht, sie ist ein Daten-fresser. Alles ist permanent abrufbar, und trotzdem ist sie extrem weit weg von bewussten Zuständen. Es fehlen offenkundig weitere zwingende Komponenten, zusätzliche Eigenschaften, die Menschen deutlich mehr ermöglichen als Erinnerungen zu bewahren und Gewohnheiten zu ent-wickeln. Es gibt eine Schwelle, die menschliches Leben anders verlaufen lässt als das anderer Lebewesen.

Tiere sollten dabei aber nicht allzu hochmütig unter-schätzt werden. Forscher haben längst herausgefunden, dass nichtmenschliche Primaten, unsere nächsten Ver-wandten im Tierreich, Dinge tun können, die man ihnen lange nicht zugetraut hat. Sie schaffen sich simple Werkzeuge, die ihnen das Leben leichter machen. Sie beobachten das Verhalten anderer und ahmen es geschickt nach. Sie wenden untereinander gebärden- und signalsprachliche Kommunikationsformen an. Vor allem verfügen Primaten und einige andere Tierarten über ein erstaunlich gutes Gedächtnis. So bewahren manche Menschenaffen wie Bonobos und Orang-Utans gezielt nützliche Werkzeuge auf, die sie bei der späteren Suche nach Nahrung noch gebrauchen können. Ver-haltenswissenschaftler haben in verschiedenen Tests nachgewiesen, dass sie wie Menschen über ein Arbeits-gedächtnis verfügen. Sie können sich erinnern, welche Schritte erforderlich sind, um etwas Bestimmtes zu erreichen. Insofern sind sie in einem bestimmten Rahmen planungs- und zukunftsfähig. Das kann den qualitativen Unterschied zur menschlichen Besonderheit also nicht zwingenderweise ausmachen. Es muss noch etwas anderes geben, das sich langfristig als ziemlich vorteilhaft erwiesen hat.

4.3 Erinnerungsspeicher und Baupläne: Lernfähige KI

Ein vielversprechender Indikator ist die außerordentliche Komplexität der menschlichen Sprache, die auf Sachen verweisen kann, die nicht im unmittelbaren Wahrnehmungshorizont liegen oder einen direkten Nutzen versprechen. Nur Menschen können eine Unterhaltung über abstrakte Themen führen: Argumente austauschen, Widersprüche aufdecken, Gesetze des Kosmos erkunden sowie formulieren und sogar einen Dialog über die Grenzen des Wissens führen. Wir lernen nicht nur durch Zuschauen und Nachahmung eines Vorbildes, wir speichern Wissensfortschritte strukturiert ab. Und zwar nicht nur im eigenen Gehirn über das in einem begrenzten Maß leistungsfähige Langzeitgedächtnis, sondern in extrem dauerhaften externen Speichern, die verschiedene Schrift- und Datensysteme bieten: Texte, Dokumente, Urkunden, Verträge, Pläne, Untersuchungen, Forschungsergebnisse, Bücher, Festplatten, Datenbanken u.v.m.

Was wir wissen, ruht auf dem richtigen oder falschen Wissen vorheriger Generationen, das wir überprüfen, ergänzen, verwerfen, neu ordnen und erweitern. Die ursprüngliche Erfindung des Rades beispielsweise hat über die Zeit hinweg zu einer ganzen Reihe weiterer Hilfsmittel bis hin zu Hebemaschinen und ganz neuen Fortbewegungsmitteln geführt. Ohne Baupläne sowie immer weitere Berechnungen und Anwendungsüberlegungen wäre das niemals möglich gewesen. Selbst autonomes Fahren wird auf absehbare Zeit noch Räder benötigen. Menschen können sich auf besondere Weise über Zusammenhänge bewusst werden und die Außenwelt sachlich objektivieren. Und nicht nur das. Wir können uns obendrein selbst zum Gegenstand der Analyse machen: Wir haben nicht nur ein Bewusstsein, sondern darüber hinaus auch noch ein Selbstbewusstsein. Kein Wunder, dass beides zum Gegenstand intensiver Überlegungen und moderner Forschung gemacht wurde.

Als Locke und Hume ihre Überlegungen zum Selbst niedergeschrieben haben, gab es noch keine Idee einer echten künstlichen Intelligenz. Wohl aber eine wachsende Begeisterung für Automaten. Die Anfänge von Maschinen, die mit Wasser, Luftdruck und Vakuum arbeiten, beginnen bereits in der Antike. Durch das immer filigraner werdende Können der Feinmechaniker und die vielen Entdeckungen aus Anatomie sowie Physik wurden die Apparate schließlich immer besser. Im 17. Jh. wurden Apparate gebaut, die Musikinstrumente spielten und Merkmale von Tieren simulierten. Kaum überraschend gab es dabei viel Betrug, weil das Interesse groß war, jedoch niemand über die Grenze der Mechanik hinausgehen konnte. So verbarg der 1760 präsentierte sogenannte Schachtürke einen kleinen Menschen im Innern einer Kiste, der den puppenhaften Schachspieler über eine Mechanik bewegte. Ähnliches galt für Sprechmaschinen. Das Feld der Hoffnungen und Ängste steckte die romantische Literatur anschließend mit Schauergeschichten über künstliche Menschen ausschweifend ab. Den technischen Hintergrund boten damals Alchemie, Uhrwerke, Mechanik und später dann Elektrizität als unterschiedliche Theorieangebote, wie lebendige Prozesse auf technische Weise wohl funktionieren. In dieser Tradition maschineller Analogien stehen auch heutige Überlegungen, dass das Gehirn wohl wie ein Computer funktioniert, der dieses nur noch geschickt nachbauen muss. Angenommen, dass es tatsächlich um die Anwendung einer formalen Logik ginge, würde es vermutlich ausreichen, die Erzeugungsmethode rationaler Schlüsse zu kopieren. In dieser Variante geht der Weg

von der Formalisierung von Aussagen zu anspruchs-
voller Symbolverarbeitung. Entsprechende Forschungs-
programme werden als GOFAI bezeichnet, Good
Old-Fashioned Artificial Intelligence. Wie der Name nahe-
legt, ist die Entwicklung weiter vorangeschritten.

Ein neuer Ansatz versucht demgegenüber gar nicht erst
von der Beschaffenheit des Gehirns zu abstrahieren. Er
will vielmehr dessen Bauplan imitieren. Künstliche neuronale Netze sollen mithilfe der Informatik die Neuronen-
verbände des menschlichen Gehirns so nachbilden,
dass maschinelles Lernen möglich wird. Die Computer
kopieren natürlich keine Gehirnstrukturen auf physischem
Weg, sondern sie eifern ganz bestimmten Organisations-
prinzipien biologischer Netze nach. So wie im menschlichen Organismus die über Synapsen verbundenen
Neuronen durch chemische Reaktionen ganz bestimmte
Impulse an andere Neuronen weitergeben, senden künstliche Neuronen elektrische Impulse an die nächsthöhere
oder nächstniedrigere Schicht eines wiederum künstlichen
Netzwerks. Das Vorbild ist biologischer Natur und die
Nachahmungsleistung eine Informationen verarbeitende
Netzstruktur, die Veränderungen bei Gewichtung,
Schwellenwerten, Aktivierung und Löschung einsetzt. Auf
der untersten Ebene kommt der Input von außerhalb des
Netzes, beispielsweise als ein gepixeltes Bild. Die höchste
Schicht hat dann die Aufgabe, ein bestimmtes Bild schon
aus wenigen Informationspunkten zu identifizieren. Die
eigentliche Arbeit erfolgt in den Schichten, die dazwischen
liegen. Über mehrere innere Zwischenebenen werden
Eigenschaften extrahiert, wie Zerlegung in Farbwerte,
Feststellen von Kanten, Zusammenfügen zu Konturen
und Formen.

Das lässt sich überprüfen und immer besser trainieren.
Fachleute sprechen von Deep Learning, einem mehr-
schichtigen Lernen. Je größer die Datenmenge ist, desto

besser funktioniert es: beim Analysieren von Patienten-
daten, bei automatischer Bilderkennung, beim autonomen Fahren oder bei Chatbots im Kundenservice.
Anwendungen bieten sich insbesondere dann an, wenn
kein oder nur ein geringes unmissverständliches Wissen
über eine Aufgabe vorliegt, die gelöst werden muss.[7]
Die Computersysteme lernen aus vielen einzelnen Beispielen, die sie immer weiter verallgemeinern. Auch hier
gilt die Devise, dass man erst aus Fehlern richtig klug
wird. Je besser das Feedback ist, um so erfolgreicher lernt
das System, ohne jegliche Rückmeldung bleibt es stumpf
und blind. Erst Feedbackschleifen ermöglichen eine Fein-
justierung. Wenn Google bei einer Suchanfrage einen
erstaunlich guten Vorschlag macht, dann deshalb, weil
bereits ungeheuer viele andere Nutzer dem System bereits
ein Feedback gegeben haben. Und zwar allein dadurch,
dass sie einen Google-Vorschlag angeklickt und somit
für gut oder tauglich bewertet, andere dagegen ignoriert
haben. Deshalb sind Datenmonopole so problematisch. Je
mehr Menschen innerhalb eines Systems Feedbackdaten
liefern, um so erfolgreicher wird es. Es ernährt sich über
die Vielzahl ihrer Nutzer. Wir selbst machen das System
erfolgreich und dominant.

Fraglich ist allerdings, ob dies alles wirklich mit
menschlichem Lernen vergleichbar ist. Denn Menschen
benötigen viel weniger Informationen für ihre Deutungen
und treffen doch meistens richtige Entscheidungen. Wir
operieren nicht nur mit Ähnlichkeitsmustern. Das kann
KI sicherlich besser. Wir operieren auch nicht vornehmlich mit logischen Schlüssen. Auch das kann KI deutlich konsequenter. Wir gehen mit Regeln wesentlich
chaotischer um und können erstaunlicherweise trotzdem

---

[7] Anschauliche Beispiele für Lernkurven der KI beschreibt Ramge (2018).

Dinge erfinden, die funktionieren. Wir starten als Babys mit wenig Informationen und lernen immer weiter. Unser biologisches System ist auf Wachstum eingestellt. Die Gene sorgen für einen Wachstumsprozess, sie codieren aber keine endgültige Beschreibung unserer Gehirnverdrahtungen und konkreten Informationsverarbeitung. Somit stehen Forscher vor einer Unvorhersagbarkeit, weil wir den Weg und den Ausgang des Wachstums nicht im Vorfeld ermessen können. Ein Genom mit allen Genen, also die Initialisierung, können Wissenschaftler gut beschreiben und epigenetische Faktoren immer besser verstehen. Bei einem Gehirn gelingt ihnen das nicht. Wie sich Gehirne auf der Grundlage von Genen und Lernen genau aufbauen und immer weiterentwickeln, bleibt rätselhaft. Was Menschen ausmacht und viel weiterbringt, ist eine Unschärfe und Offenheit im Denken und Schließen. Wir neigen immer wieder zu Fehlern und können aus ihnen doch auf besondere Weise lernen. Vielleicht ist es eine besondere Kondition, vielleicht eine besonders hohe Frusttoleranz, vielleicht die optimistische Idee, Umwege zu gehen. Irgendwie sind wir in der Lage, Lücken produktiv zu nutzen, und nicht nur den Kategorien von wahr und falsch zu trauen. Menschen tendieren immer wieder zu inkonsistenten Urteilen, und dennoch sind diese nicht ausnahmslos absurd. Sie bemühen sich offensichtlich sogar darum, artifizielle Varianten von sich selbst zu bauen, und die Biologie zu übertrumpfen. Vereinfachende Abkürzungen, die sie dabei notwendigerweise nehmen müssen, und alle cleveren Ersatzstrategien, um dies technisch zu bewerkstelligen, verhindern aber, dass eine echte Intelligenz daraus entsteht kann (Hiesinger, 2021).

Noch kein Chatbot einer KI kann bislang ein durchweg vernünftig klingendes Gespräch führen. Menschen beschäftigen sich mit einem Thema, fassen Fakten zusammen, formulieren daraus Aussagen und Fragen, hören die Antworten des Gegenüber und verbinden diese mit neuen Informationen, um sich dann erst zu entschließen, welcher Satz als nächstes folgen soll. Sie spulen kein festes Programm gefüllt mit Worthülsen ab. Man mag sich bisweilen verrennen, man kann zielstrebig aneinander vorbeireden, und es gibt jede Menge Kommunikationsfehler. Trotzdem erzeugen wir sinnvolle Dialoge, weil wir bei allem Durcheinander wieder plausible Bezüge herstellen können. KI rät dagegen ziemlich oft, was sie als nächstes sagen soll, weil sie über kein Verständnis mit einem nahezu beliebigen Spektrum verfügt. Informatiker können zwar eine Menge Wissen und Anwendungen in sie einprogrammieren. Dazu gehört, welche Fragen möglicherweise häufig gestellt werden, und wie darauf zu reagieren ist. Aber eine offene Konversation, bei der überraschende Themen auftauchen können, überfordert sie komplett. KI entgegnet nicht in jedem Fall etwas Vernünftiges.

Wie sehr Neurowissenschaftler auch suchen, sie werden kein Selbst finden. Wie gut die Informatiker auch sind, sie können kein Ich erzeugen. Es gibt keinen unmittelbar physischen Ort, an dem beides wie ein abgrenzbares Organ oder eine Schaltzentrale seine Aufgaben für die Funktionsfähigkeit des Körpers ausführen würde. Unser Selbstverständnis ist überhaupt nicht festgelegt und trotz aller definitorischer Bemühungen gibt es noch nicht einmal eine letzte, unwidersprochen anerkannte Bestimmung dessen, was für ein Wesen der Mensch eigentlich ist. Die vielen verschiedenen Wissenschaften wie Biologie, Medizin, Chemie, Psychologie, Soziologie, Geschichte u.v.a. tragen zur Erweiterung des Verständnisses vom Menschen bei. Zu einer Einigung sind sie nicht gekommen. Wir wissen viel mehr über Gehirn und Körper als jemals zuvor. Das Selbstbewusstsein ist aber nach wie vor eines der ganz großen Rätsel. Schon mit dem Bewusstsein tun wir uns unendlich schwer.

4.4 Wessen Vorstellungen? Ein Mensch ist kein Datenspeicher

Eine überraschende Idee, was menschliches Bewusstsein auszeichnet, hatte Immanuel Kant. Er ist der dritte im Bund der innovativen Philosophen, die sich im 17. und 18. Jh. mit dem Ich und Selbst auseinandergesetzt haben. Damit Menschen etwas erfassen, sind Kant zufolge mindestens drei und keineswegs nur zwei Bedingungen erforderlich: Auf der einen Seite sind das Gegenstände der äußeren Wirklichkeit sowie auf der anderen Wahrnehmungen, Vorstellungen und Gedanken als innere Ereignisse. Genau das hatten Locke und Hume bereits beschrieben. Was sie jedoch nicht gesehen haben, war die spezifische Eigenleistung des wahrnehmenden und denkenden Ich als eine aktive zusätzliche Komponente. Das ist eine dritte Bedingung. Äußere und innere Reize laufen in uns zusammen. Wenn wir dabei Eindrücke gewinnen, driften diese nicht sofort wieder auseinander, um mit dem Augenblick zu verschwinden. Auch das passive Speichern im Kurz- oder Langzeitgedächtnis reicht noch nicht, irgendetwas muss sie mit Bedeutung versehen und bei Bedarf priorisiert abrufen. Menschen sind keine Datenbanken, die gefüttert werden und danach Automatismen abspulen. Gäbe es kein ordnendes Navigationsinstrument, was alles Einströmende und damit Assoziierbare unermüdlich zusammenführt und hält, hätten die Sinnesreize keinen Ankerpunkt in uns. Sie wären ein endloser und nicht aufzuhaltender Fluss von ungebremsten Reizüberflutungen, die lediglich zu momentanen Handlungen anregen.

Menschen sind erkenntnisfähig. Sie sind in der Lage Regeln zu bilden, sobald sie Einzelfälle unter einen Sammelbegriff gruppieren. Mit hoher Wahrscheinlichkeit passen andere Fälle dann ebenso zu dem etablierten Muster. Beispielsweise gehören grün, gelb und blau zu Farben. Farbigkeit zählt zu unseren visuellen Sinneseindrücken, die durch Licht hervorgerufen wird. Aus Erfahrung gilt dann für alle Rottöne in gleicher Weise, dass sie zur Farbmenge zählen. Wahrnehmungen laufen nicht durch uns hindurch, sondern werden gestoppt und verbunden. Um Erfahrungen zu machen, verfügen Menschen über eine spezielle Fähigkeit: Sie können synthetisieren und zwei Vorstellungen zu einer dritten vereinigen. Gleichzeitig wissen sie, und das ist das Entscheidende, dass sie diese selbst hervorgebracht haben. Ich nehme eine Vielheit von äußeren Objekten wahr, sie alle erscheinen aber einem Bewusstsein, nämlich meinem. Ich selbst habe diverse Eigenschaften und verändere mich, aber auch diese Vielheit und Veränderungen erscheinen bei allem Wandel einem Bewusstsein, nämlich meinem. Bewusstseinsinhalte beziehen wir nur deshalb auf uns, weil es unsere sind. Die oberste Bedingung der Möglichkeit, Erfahrungen zu machen und zu Erkenntnissen zu gelangen, ist für Kant deshalb die ursprüngliche Einheit des Selbstbewusstseins. Sämtliche Inhalte des Bewusstseins müssen auf dieses bezogen werden können, egal ob sie von innen oder außen kommen. Die abstrakte Ichfunktion besteht somit in einer simplen Einheitsstiftung. Die so simpel gar nicht ist, weil sie uns zu Ungewöhnlichem befähigt. Unabhängig von den jeweils konkreten Inhalten des Bewusstseins sorgt eine formale Leistung dafür, dass aus dem Vielerlei allein durch den Bezug auf mich eine Einheit entsteht. Es ist mein Bewusstsein und nicht das einer anderen Person. Deshalb kommt Kant zu dem Schluss, dass ein „ich denke" alle meine Vorstellungen begleiten können muss[8], ansonsten wären es niemals meine. Es ist unabhängig von allen möglichen Inhalten die allgemeine Fähigkeit, gedanklich Verbindungen herstellen zu können[9]. Das muss nicht unbedingt bewusst erfolgen, entscheidend ist, dass es überhaupt geschieht. Für Kant ist das kein Nebeneffekt, der aus Erinnerungen heraus wie von selbst entsteht, sondern eine eigenständige Fähigkeit des Menschen, die zu seinen sonstigen Eigenschaften hinzukommt.

Diese Tatsache ist ein unüberbrückbarer Unterschied zu Datenspeichern aller Art. Ein Selbst, das Vorstellungen verknüpfen kann, ist keine Substanz, die man irgendwo im Körper findet. Es ist eine zur Reflexion fähige Intelligenz, die sich selbst in den Blick nehmen und von anderem abgrenzen kann. Ich weiß, dass ich weiß, dass ich etwas wahrgenommen oder gedacht habe, auch wenn es mir nicht mehr gegenwärtig ist. Menschen können dem eigenen Denken bei der Arbeit zusehen, manchmal sogar in Zeitlupe, indem sie das, was sie denken, einer kritischen Prüfung unterziehen. Das selbstbewusste Leben geschieht nicht nur, das sich seiner selbst bewusste Subjekt beobachtet und erlebt sich nicht nur, es denkt und versteht sich zudem als selbsttätig und hat ein Selbstbewusstsein. Mit den Betrachtungen von Locke, Hume und Kant wurde eine große Bandbreite aufgefächert, die alle Dis-

---

[8] Im einflussreichen § 16 der Kritik der reinen Vernunft heißt es: „Das: Ich denke, muß alle meine Vorstellungen begleiten können; denn sonst würde etwas in mir vorgestellt werden, was gar nicht gedacht werden könnte, welches eben so viel heißt als: die Vorstellung würde entweder unmöglich, oder wenigstens für mich nichts sein" (Kant, B 132, Bd. IV, 1970a, S. 136).

[9] Im Abgleich mit neurowissenschaftlichen Erkenntnissen beschreibt das eingängig Nordhoff (2012).

kussionen um das Selbst bis heute bestimmt: Es wird entweder als Ursache oder Effekt, Produzent oder Produkt, Irrtum oder Wahrheit begriffen. Sobald man Ich und Selbst als Funktionen versteht und nicht als substanzielle Instanzen, wird die Unterscheidung zwischen den Begriffen Ich, Selbst und Identität ziemlich unscharf. Das ist der Grund, warum sie weitgehend sinngleich verwendet werden.

Seine Analyse hat Kant ganz ohne neurowissenschaftliche Untersuchungen und experimental-wissenschaftliche Verhaltensbeobachtungen durchführen müssen. Ihm standen lediglich logische Überlegungen zur Verfügung. Er stellte in den Raum, dass die einheitsstiftende Funktion des Bewusstseins da sein muss. Um ein Modell, wie das ganz genau geschieht, musste er sich nicht bemühen und hat es auch nicht. Wenn wir heute jemanden als selbstbewusst bezeichnen, meinen wir damit alltagssprachlich ein ganz bestimmtes Auftreten, einen Habitus. Für Philosophen macht der Begriff Selbstbewusstsein dagegen darauf aufmerksam, dass wir uns nicht nur verschiedener Dinge bewusst sind, sondern dass wir uns darüber hinaus auch noch dieses Bewusstseins bewusst sind und zudem wissen, dass wir es sind, denen es bewusst ist. Natürlich achten wir nicht ständig auf diese Tatsache, sie wäre störend und würde uns im Alltag lähmen. Aber wir können diese spezielle Perspektive einnehmen und unsere Intelligenz beobachten, die von der grandiosen Möglichkeit zur Reflexion Gebrauch macht.

4.5 Sprache macht es möglich: Begriffe können in die Irre führen

Die meisten Wissenschaften verstehen unter Denken das Zusammenbringen von Wahrnehmungen, Erinnerungen und Vorstellungen durch ein raffiniertes In-Beziehung-Setzen. Einsichtiges Handeln und vorsprachliche Begriffsbildung sind nach heutigem Verständnis allerdings auch bestimmten anderen Säugetieren und Vögeln möglich. Sogar Kulturbildung im Sinne der Weitergabe einer lokalen Tradition, wie Jagdpraktiken und Nahrungsmittel essbar zu machen, gelingt ihnen. Die höchsten Formen des Denkens in Form von Bewusstsein, Selbstreflexion und komplexer Sprache aber wohl nicht. Möglicherweise gibt es graduelle Formen, eventuell hängen auch alle drei Kompetenzen zusammen und bedingen sich gegenseitig. Menschen sind in der Lage, ihre eigene Existenz zu erfassen, sich ständig zu hinterfragen und sogar das Denken selbst zum Gegenstand von Beobachtung und Reflexion zu machen. Kleine Kinder sagen ab einem bestimmten Stadium ihrer Entwicklung mit dem Gestus einer gewissen Überzeugung: „Das kann ich schon selbst". Sie haben damit ein besonders ausgeprägtes Gefühl für sich selbst ausgedrückt, das nicht identisch ist mit dem Wort Ich, sonst würden sie einfach sagen: „Das kann ich schon". Das Erstaunliche ist die Hervorhebung. Das Ich nimmt ein Mich auf dem Weg eines Selbstbezugs wahr. Es geht dabei um frühe Freiheitsgrade und eine Abwehr des Fremdeinflusses, deshalb die Betonung des Eigenen. Sie sagen wohlweislich nicht, mein Ich oder mein Selbst möchte das. Sie denken nicht an eine Instanz, sondern an einen besonderen Bezug auf sich, weil sie sich als eigenständigen Akteur erfassen.

Und schon kommt ein irritierender Verdacht auf. Viele Jahrhunderte lang haben die verschiedenen Wissenschaften immer neue Konzepte entwickelt und mit vielen Begriffen hantiert, die sich im Nachhinein als falsch herausgestellt haben und längst obsolet sind. Weder ist die Erde eine Scheibe, noch gibt es im Weltraum einen Äther, noch nutzen wir nur zehn Prozent unseres Gehirns. Von all den Alltagsirrtümern einmal ganz zu schweigen. Mit dem Namen Woodstock verbinden die meisten ein Festival, so steht es in Büchern. Tatsächlich war es in Wallkill geplant, aber dort nicht willkommen, sodass die Veranstalter auf Bethel auswichen, ein Dorf rund 76 km von Woodstock entfernt. Trotzdem ist nicht Bethel oder Walkill im Gedächtnis verhaftet, sondern Woodstock, auch wenn dort niemals etwas passiert ist. Wir können Ereignisse offensichtlich Orten zuschreiben, die es dort gar nicht gibt. Immerhin fand das Festival woanders statt. Beim Begriff Einhorn ist das eindeutig anders, wir vermögen Dinge und Orte zu erfinden, ohne dass sie wirklich existent sein müssen. Wir verstehen trotzdem, was damit gemeint ist. Und doch würde niemand dessen Existenz außerhalb der Mythen und Legenden behaupten. Wir haben eine Vorstellung, wie ein Einhorn aussieht, aber noch niemand hat eines in der Wirklichkeit außerhalb von Büchern, Bildern und Filmen gefunden. Das Gleiche gilt für die Unterscheidung zwischen körperlichen und geistigen Substanzen. Niemand hat sie nachgewiesen, es waren in früheren Zeiten hilfreiche, aus heutiger Sicht aber falsche Konstrukte eines künstlichen Dualismus. Die Sprache kann uns durch ihre fast magische Bezeichnungskraft in die Irre führen und womöglich ist das ja auch bei so selbstverständlichen Begriffen wie Ich und Selbst der Fall. Beide könnten die sprachliche Projektion einer reflexiven Gedankenbewegung auf die eigene Person sein,

ein Mechanismus, den wir subjektiv als Eigentransparenz deuten.

Bereits die großgeschriebene Bezeichnung ist ungewöhnlich. Wir benutzen „selbst" als Reflexivpronomen, aber das „Selbst" als Substantivierung erweckt einen seltsamen Eindruck. Die Begriffsbildung erfolgt über einen besonderen Eingriff in die Umgangssprache. Zunächst ist „ich" ein Personalpronomen mit einer eindeutig zugewiesenen Rolle. Es bezeichnet wie „ego" im Lateinischen, „I" im Englischen und „je" im Französischen die erste Person Singular. Der Ausdruck bezieht sich auf diejenige Person, die über sich etwas äußert: ich sage, ich meine, ich mache. Das „ich" ist eine singuläre Aktivposition im Unterschied zu „du", „er, sie, es", „wir", „ihr" und „sie". Sobald man diese Wörter nun mit einem großen Anfangsbuchstaben und einem Artikel versieht, verändert sich etwas. Sie bekommen plötzlich eine andere Bedeutung. Wenn man „das Ich" und „das Selbst" sagt und schreibt, verwendet man sie als Artbegriffe. Ich und Selbst stehen nun neben anderen Sachen wie Wasserglas, Blume und Buch, die wir dinglich fassen. Und schon besitzen sie eine eigene weiter nicht hinterfragte Existenz. Von diesem Moment an werden Sätze möglich, wie: „Jeder Mensch hat ein Selbst", „Können Computer ein Ich entwickeln?", „Nicht alle Lebewesen haben eine Identität". Genauso hatte Locke das Selbst eingeführt, als eine Instanz, die für Dauer steht. Für ihn war es ein willkommener Ausdruck, der eine bestimmte Art von Wesen bezeichnet. Womöglich sind derartige Begriffe aber bloß Produkte der sprachlichen Grammatik, ohne eine echte Referenz zu besitzen. Vielleicht sind sie so etwas wie unsere Einhörner.

4.6 Mentale Zustände sind subjektiv: Wie ist es, ein Mensch zu sein?

Und doch haben wir in unserem Selbstgefühl nicht den Eindruck, bloß ein Effekt des Denkens oder einer von Sprache zu sein. Da ist mehr. Vor allem gibt es die Ebene des unmittelbaren Daseins, die emotionale Erste-Person-Perspektive. Wir haben mentale Zustände, wie das Empfinden von Schmerzen oder Freude. Niemand kann trotz aller unterstellbaren Empathie wirklich unsere konkreten Schmerzen haben, und diese genau so empfinden, wie wir es tun. Es bleiben immer unsere eigenen Empfindungen und Erlebnisse. Thomas Nagel hat ausgehend von der Tatsache eines Ichempfindens gefragt, wie es ist, ein Selbst zu sein. Er hat das in die Frage verpackt: Wie fühlt es sich an, eine Fledermaus zu sein? (Nagel, 2012). Wir können die Fledermaus und ihr Verhalten gut beschreiben, wir wissen, dass sie mit einem funktionierenden Echolot fliegt, wir wissen, dass sie ein nachtaktives Säugetier ist und vieles mehr, was Biologen und Physiologen untersucht haben. Wir können sie also aus der Beobachterperspektive ziemlich gut erfassen. Was wir aber nicht können, ist ihre Selbstperspektive einnehmen, nämlich die Art, wie es ist, und wie es sich genau anfühlt, als Fledermaus eine Fledermaus zu sein, also was und wie eine Fledermaus tatsächlich erlebt. Falls das zutrifft, verfehlen wir mit theoretischen Beschreibungen immer das vollständige Sein, wir müssen auf der abstrakten Ebene bleiben, die Allgemeines beschreibt, das Besondere aber genau darin durchs Netz fallen lassen muss. Das Besondere ist in dem Zusammenhang die spezifische Qualität, und somit nicht das bloße „dass", sondern das „wie genau".

Nagel und andere Vertreter des Mentalismus nennen das „Qualia", eine spezifische mentale, also geistige Erlebnisqualität. Qualia sind subjektiv an die Erste-Person-Perspektive gebunden und nichts Objektives, das aus der wissenschaftlich objektivierenden Dritte-Person-Perspektive vollständig fassbar wäre. Wir können letztendlich nicht wissen, wie es ist, ein Wesen mit Geisteszuständen zu sein, die sich von unseren maßgeblich unterscheiden. Nagel hat für sein Gedankenexperiment die Spezies gewechselt. Streng genommen ist es aber ein fundamentales Argument, das auch innerhalb der Art gilt. Mein Selbst ist nicht das der Anderen, auch nicht das anderer Menschen. Qualia sind dabei wohlgemerkt keine Substanzen und keine Homunculi, die uns bewohnen. Qualia sind der Ausdruck dessen, dass es eine Qualität unseres Selbst gibt, die nicht in einer physikalischen Beschreibung auflösbar ist. Philosophen nennen das subjektive Erleben ein phänomenales Bewusstsein. Uns ist zugänglich, wie es sich anfühlt, in einem bestimmten mentalen Zustand zu sein: Zum Beispiel wenn wir Schmerzen haben oder eine Farbe sehen.

Niemand kann seriös prognostizieren, ob es irgendwann möglich sein wird, künstliche Systeme mit einem phänomenalen Bewusstsein zu versehen. Denn bis heute ist noch nicht einmal klar, wie es beim Menschen zustande kommt. Auch nicht in Bezug auf etwas so Einfaches, wie eine Farbe zu erleben. Und das trotz aller Forschungsmilliarden. Wissenschaftler können in die entferntesten Galaxien schauen und plausibel darlegen, was dort passiert ist. Sie können Moleküle und Atome erfolgreich bis in ihre subatomare Struktur hinein erforschen. Auf welchem physikalischen Weg genau eine menschliche Farbwahrnehmung als echtes Erlebnis zustande kommt, können sie dagegen nicht beschreiben. Es gibt einfache Fragen der Bewusstseinsforschung, wie Informationsverarbeitung und Verhaltenssteuerung. Aber es gibt daneben das „schwierige Problem des Bewusstseins" (Chalmers, 1996), wie ein subjektives Empfinden auf der Grundlage physikalischer, chemischer und neurobiologischer Prozesse zustande kommt. Womöglich ist es nicht nur schwierig, sondern überhaupt nicht möglich, über die geläufigen physikalischen Gesetze einen Weg zum Bewusstsein zu finden. Frank Jackson hat das in einem berühmten Gedankenexperiment anschaulich gemacht (Jackson, 2001). Mary, eine Neurophysiologin, ist spezialisiert auf Farbwahrnehmungen. Sie weiß alles, was in unserem zentralen Nervensystem vorgeht, wenn wir rote Tomaten oder den blauen Himmel betrachten. Sie kann die Kombination der Wellenlängen, die auf die Retina des Auges treffen, exakt beschreiben. Auch was mit den Reizen weiter geschieht, bis sie in eine Äußerung münden, die das Gesehene ausdrücken. Allerdings lebt sie in einem schwarzweißen Raum und sieht die Welt draußen ebenfalls nur über einen schwarzweißen Monitor. Sie verfügt über in vielen Punkten richtige Theorien, aber nicht über wirkliche Erfahrungen. Was passiert wohl, wenn Mary den Raum verlässt? Sie wird etwas Neues über die Welt und ihr eigenes visuelles Erleben erfahren. Und sie wird zugestehen, dass ihr vorheriges Wissen über die Realität unvollständig war.

4.7 Hollywoodträume: Nur in Filmen erwacht KI

Wenn man so wenig weiß, ist es recht vollmundig zu behaupten, dass wir uns mit ersten Schritten auf dem weiten Weg zur Schaffung eines künstlichen Bewusstseins befinden. Das Interesse wird durch Hollywood-

Produktionen befeuert, wenn in Filmen Maschinen plötzlich erwachen und sich ihrer bewusst werden, bis ihnen die Energiezufuhr gekappt wird und sie wieder erlöschen. Die Forschungserfolge in der Wirklichkeit sind demgegenüber banal und ernüchternd. Manche Forscher unterstellen, dass das Bewusstsein eine Meta-ebene ist, der es zukommt, Informationsverarbeitungsvor-gänge in einem neuronalen Netz übergeordnet zu erfassen und gesondert qualitativ zu bewerten. Das menschliche Nervensystem hat sich jedoch in einem evolutionären Entwicklungsprozess über extrem lange Zeiträume lang-sam herausgebildet. In ihm stecken Antworten auf ein besonderes Umgehen mit Herausforderungen. Es ist ein Hilfsmittel für den gesamten Organismus, um erfolgreich zu überleben. Wollte man Bewusstsein erzeugen, müsste man das Leben selbst synthetisieren. Solange Reaktionen einer KI auf Instruktion, Datenzufuhr, Verarbeitung und Erinnerung aufbauen, bleiben sie mehr oder weniger stereotyp. Als ein paar Ingredienzen zu einem echten Selbst taugen sie nicht. KI kennt kein Glück oder Trauer, sie kennt noch nicht einmal die schlichte Tatsache eines einfachsten Erlebnisses und weiß schon gar nicht, wie schmerzhaft es sein kann, Erfahrungen zu machen.

Da mit menschlichem Bewusstsein die Fähigkeit zu einem Selbstbewusstsein unmittelbar verbunden ist, können wir uns kaum vorstellen, wie es überhaupt ist, ein Bewusstsein ohne Selbstbewusstsein zu haben, was für andere Gattungen vermutlich zutrifft. Vielleicht gibt es graduelle Formen, vielleicht ist es ein qualitativer Extrem-sprung. Immerhin belegt eine rudimentäre Form von Identität der sogenannte Spiegeltest, bei dem bestimmte Lebewesen den eigenen Körper in einem Spiegel zu erkennen vermögen.[10] Sie müssen, wie manche Experten behaupten, dann zumindest einen gewissen Grad von einem „ich selbst" besitzen, da sie sich mit ihrem Spiegelbild identifizieren können. Bis heute haben diesen Test Affen, Elefanten, Delfine und einige Vögel bestanden. Wir haben keine Vorstellung, wie so ein Bewusstsein aussieht, und wie es sich anfühlt. Denn Menschen haben immer ein zentriertes Bewusstsein, nämlich ein subjektiv auf sich selbst zugeschnittenes. Über ein Selbst verfügt, wer einen Standpunkt einnimmt, was wiederum eine Form von Bewusstsein ist. Der Standpunkt führt einen Unterschied zwischen mir und der Welt ein. Ich habe einen bestimmten Platz in der Welt, von dem aus mir der Rest erscheint, und damit wird für mich deutlich, dass ich eines der vielen Dinge in der Welt bin. Selbstbewusstsein ist relational und hat emotionale Komponenten.[11] Wir erleben unser Selbst in aller Regel als etwas, von dem es nicht möglich ist, dass es nicht existiert, es sei denn wir verschwinden mit ihm. Wir können die Nichtexistenz des Selbst zwar theoretisch simulieren und beschreiben, aber wirklich vorstellen im Sinn eines authentischen Erlebnisses können wir es uns nicht. Wir können nicht aus der unmittelbaren Bekanntschaft mit uns selbst aussteigen.

Je stärker sich Philosophie im 20. Jh. mit der Analyse von Sprache beschäftigt hat, um so mehr mussten meta-

---

[10] Es gibt Psychologen, die für die Ichbildung ein eigenständiges Spielstadium unterstellen. Manche Psychoanalytiker vermuten nicht nur eine Genese des frühen Ich in Identifizierungen, sondern lassen daraus auch Aggression und Autoaggression hervorgehen. Identifizierungen gehen niemals voll und ganz in einer Einheit auf, sondern hinterlassen einen Rest, der für Angst vor Dissoziation sorgt. So Lacan (2016).

[11] Ein Selbst zu haben, ist vermutlich eine Frage von Graden. Insbesondere Tiere, die in einem sozialen Verhältnis zu anderen Tieren stehen, verfügen über eine gewisse Form der rudimentären Selbstauffassung und somit eine Art Selbst als minimalen Standpunkt innerhalb ihrer Gruppe. Das vertritt Koorsgaard (2021).

physische Unterstellungen als unbelegbar, unkorrekt und irreführend abgelegt werden. Ludwig Wittgenstein und mit ihm die Analytische Philosophie brachten das auf den Punkt. Er sah in unserem Ich, unserer Identität und unserem Selbst gleichermaßen die Auswirkung eines sprachlichen Missverständnisses. Die „Familienähnlichkeit" (Wittgenstein, 2003) zwischen den Begriffen macht eine gegenseitige saubere Abgrenzung kaum möglich und damit hinfällig. Die Sprache lässt reflexive Bezüge auf ein „ich" zu und führt uns über diesen Weg in die Irre, dass es ein Ich, Selbst und Selbstbewusstsein auch notwendigerweise in einer Substanzart geben muss. Der Irrtum besteht darin, von der Natur der Sprache unmittelbar auf die Natur der Welt sowie die Natur des Menschen zu schließen. Wittgensteins Lösung bestand darin, das Selbst als reinen Spracheffekt genauso abzuschaffen wie andere metaphysische Begriffe, weil sie zu Scheinproblemen führen. Wir bewegen uns in Sprachspielen, die in der praktischen Verständigung zwar gut funktionieren. Wir sollten uns aber davor hüten, in Begriffe mehr hineinzudeuten als ihre Vagheit zulässt. Sein namhaftes Diktum lautet, dass wir schweigen sollten, worüber wir nicht sinnvoll reden können.

Die philosophische Karriere des Selbst endet irgendwo im 20. Jh. Sie wurde jedoch nahtlos von den Verhaltenswissenschaften übernommen und fortgeführt, die den Begriff unter ganz anderen Vorzeichen für sich okkupiert haben. Es gibt inzwischen jede Menge Experimente, die unser Selbst als ein Konstrukt beleuchten und unsere Selbsttäuschungen vorführen, also den fiktionalen und instabilen Charakter des Selbst und des dazugehörenden Selbstbildes deutlich machen. Dass wir deshalb darauf verzichten sollten, behaupten sie nicht, im Gegenteil, wir brauchen ein Selbst, auch wenn es eine falsche Annahme ist.

5

Ohne Selbsttäuschung geht es nicht: Irren ist notwendig

Das Selbst mag an sich eine Illusion sein, aber wir brauchen es als ein Konzept unserer spezifischen Eigenheit. Selbsttäuschung ist ein notwendiger Schutzmechanismus, um zu überleben. Verschiedene Wissenschaften unterstellen, dass Menschen im Gehirn ein Repräsentationsmodell der eigenen Person entwickeln, ein Ganzheitskonstrukt, das erst eine Erlebniskonstanz ermöglicht. Doch sobald das in einer KI nachgebaut werden soll, wird deutlich, dass es so einfach nicht sein kann. Es gibt keinen zentralen Taktgeber im isolierten Gehirn. Ein künstliches Double führt nicht automatisch zu einem bewussten Erleben des Selbst. Menschen sind keine Autisten, und Selbstbewusstsein gibt es nur in Auseinandersetzung mit dem der anderen.

© Der/die Autor(en), exklusiv lizenziert an Springer-Verlag GmbH, DE, ein Teil von Springer Nature 2023
H. Reisch, *Das verflixte Selbst*,
https://doi.org/10.1007/978-3-662-67491-8_5

5.1 Täuschung nutzt: Ein biologisch erfolgreiches Prinzip

Irreführung hat keinen sonderlich guten Ruf, sie unterläuft die Erwartung von echter Glaubwürdigkeit. Das ist jedoch nur richtig, wenn man die Augenwischerei von einer moralischen Warte aus beurteilt. In der Evolution und im Tierreich gibt es dagegen keine Moral. Dort zählt, was Vorteile bringt. Viele Lebewesen sind hochgradig effiziente Täuschungsspezialisten. Tricksen ist in der ganzen Natur verbreitet, um zu überleben und sich fortzupflanzen: Tarnen, Warnen, Nachahmung, Übertreibungen und Signalstoffe dienen dazu, durch eine geschickte Simulation andere abzuwehren oder anzulocken. Der Erfolg hat sich auf Dauer durchgesetzt. Tiere nutzen Täuschungseffekte und wirken dadurch wehrhaft, giftig oder uninteressant, um sich vor feindlichen Angriffen zu schützen. Schließlich können sich nur diejenigen fortpflanzen, die das dazu fähige Alter tatsächlich erreichen. Da selbst Jäger innerhalb der Nahrungskette für irgendein anderes Tier wiederum eine gesuchte Beute sind, folgen sogar sie dem gleichen Muster: So sehen die meisten Gottesanbeterinnen wie vertrocknete Blätter aus, sie sind deshalb für Vögel kaum zu erkennen. Die Fangschrecke verschmilzt optisch mit ihrer Umwelt, um vor Fressfeinden sicher zu sein. Biologen nennen diese Art der Tarnung eine Mimese, ein Verschwinden in Form der Umweltangleichung. Im umgekehrten Fall machen sich Tiere größer als sie in Wirklichkeit sind. Harmlose Exemplare nutzen diesen Trick scheinbarer Gefährlichkeit, um Angreifer abzuschrecken. Manche Schmetterlinge ahmen zum Beispiel ein bedrohliches Schreckaugenpaar auf ihren Flügeln nach, andere imitieren einen Schlangenkopf. Die Evolution hat es ihnen mitgegeben, Wissenschaftler sprechen hierbei von Mimikry, der Nachahmung von einzelnen Tieren oder Pflanzen. Da etliche Raubtiere nur auf Beute reagieren, die sich bewegt, ist das Manöver sich tot zu stellen, gleichfalls eine geschickte Täuschung.

Vorgaukeln funktioniert ebenso gut in die andere Richtung: Es gibt eine Raupe, die wie eine Ameise riecht. Deshalb wird sie von Ameisen als Larve akzeptiert und in den Bau getragen, wo sie sofort beginnt, die echten Ameisenlarven zu fressen. Hähne locken Hennen mit einem Futterruf, obwohl überhaupt kein Korn in der Nähe zu finden ist. Es geht um Paarung. Im Pflanzenreich wird mit dem vergleichbaren Ziel der Bestäubung genauso getrickst: Insekten werden von leuchtenden Farben und Duftstoffen angelockt. Immerhin werden sie für die Weitergabe der Pollen, die an ihnen kleben bleiben, im Gegenzug mit Nektar versorgt. Manche Pflanzenarten sind allerdings reine Blender. Den Blütenstaub transportieren die Insekten, ohne es zu merken, trotzdem weiter.

Wer gut blufft, rettet im Tierreich entweder sein Leben, erleichtert es sich erheblich oder findet einen Paarungspartner. Evolutionär ist diese raffinierte Methode somit äußerst sinnvoll. Auch Kinder lernen das schon früh und üben sich im Flunkern und Schwindeln. Experten sind sich jedoch uneinig, ob neben Menschen auch andere Spezies fähig sind, offensiv zu lügen. Denn dazu wäre eigentlich erforderlich, zwischen wahr und unwahr unterscheiden zu können. Zudem muss man aufpassen, dass man sich dabei nicht verheddert. Es verlangt jedenfalls enorme kognitive Fähigkeiten. Zahlreiche Täuschungsanpassungen in Form von Mimese und Mimikry sind ein in der Natur weit verbreitetes und durchaus belohntes, aber damit noch lange kein individuell vorsätzliches Verhalten. Verhaltensbiologen kennen nur wenige Säugetierarten und Vögel, die ihre Artgenossen gezielt in die Irre führen. So legen Raben Scheinverstecke an, um ihren

Futtervorrat vor Artgenossen zu verheimlichen. Und junge Primaten wurden dabei beobachtet, wie sie andere hinters Licht führen. Es scheinen überlegte Handlungen zu sein, die nicht zufällig im Rahmen eines normalen Repertoires auftauchen. Es gibt kleine Affen, die in bestimmten Konstellationen einen Hilferuf planmäßig missbrauchen. Sie sehen einen größeren Affen der eigenen Art mit einem Nahrungsstück und schreien, als gäbe es eine furchtbare Gefahr, die sie wahrgenommen haben. Sie tun demzufolge, als ob. Wenn die Eltern herbeieilen, finden sie dann nur diesen einen größeren Affen als überhaupt mögliche Bedrohung vor und gehen automatisch auf ihn los, so dass er automatisch von der Frucht lässt. Damit ist der Weg frei, und der kleine Affe kann sich die Beute nehmen und selbst verzehren. In anderen Situationen haben Äffchen nur Alarm geschlagen, um anderen eins auszuwischen. Wieder andere provozieren durch ihr Verhalten und starren vor der sich anbahnenden Sanktionierung hoch aufgerichtet konzentriert ins Weite, sobald die erwachsenen Tiere herbeistürzen. Eine typische Warnung vor großer Bedrohung: Die Ausgewachsenen deuten den starren Fernblick als deutliches Signal, dass sich ein Raubtier nähert, schauen suchend in die gleiche Richtung und vergessen darüber die Bestrafung (Sommer, 1992).

Ob man solche beeindruckenden Beispiele wirklich als mehr oder weniger bewusst herbeigeführte Täuschungen bezeichnen sollte statt als raffinierte Instinktausläufer, ist zumindest fragwürdig. Sogar Verhaltensbiologen sind sehr vorsichtig in der genauen Bewertung und sprechen etwas vage von „eher nah dran" an einer sehr rudimentären Bewusstseinsform. Denn zum aktiven Lügen gehört neben Geschick und Übung bei genauer Untersuchung ein Selbstbewusstsein. Wer gezielt Lügen einsetzt, muss nämlich begriffen haben, dass andere von falschen Annahmen ausgehen. Er muss sich dessen bewusst sein, um die Unwahrheit probeweise in den Raum stellen zu können. Das verlangt nicht nur ein Wissen über wahr und unwahr, sondern vor allem eines über das Nichtwissen von anderen. Lügen ist das sprachliche Verbreiten einer Unwahrheit als eine bewusste Handlung. Das können Menschen ziemlich gut, sie lügen regelmäßig, und es kann nicht nur für sie selbst nützlich sein. Kulturtheoretiker unterscheiden zwischen schwarzen und weißen Lügen. Wir lügen aus eigennützigen Motiven, um uns selbst einen unlauteren Vorteil zu Lasten anderer zu verschaffen. Oder wir streuen gezielt Unwahrheiten, um anderen zu schaden. Beides zählt zu schwarzen Lügen, die moralisch als verwerflich gelten. Denn sie zerstören langfristig das zwischenmenschliche Vertrauen. Wir können aber ebenso gut aus Freundlichkeit lügen und zurechtgebogene Komplimente machen, was vielleicht ohne böse Absicht nett gemeint ist und einfach die Stimmung positiv beeinflusst. Auch Placebos können in guter Absicht verordnet einen therapeutischen Effekt haben, ohne dass ein echter Wirkstoff vorhanden ist. Ein Betrug sind sie trotzdem. Zu Schaden kommt dabei jedoch niemand, es geht bei derartigen Unwahrheiten um Hilfe und den Nutzen zugunsten anderer mit erhofft positiven Folgen. Weiße Lügen gelten vor allen Dingen als ein sozialer Schmierstoff, der das Zusammenleben vereinfacht und stabilisiert.

5.2 Das geschminkte Bild: Selbsttäuschung ist überlebensnotwendig

Mogeln ist eine hohe Kunst, die Menschen sogar im Selbstbezug extrem gut beherrschen. Wir machen uns etwas vor und sitzen dabei einer Selbsttäuschung auf.

Das kann halbbewusst sein wie beim Selbstbetrug, viel häufiger ist allerdings der unbemerkte Selbstirrtum. Beides hat viele Gesichter. Wir überschätzen wunschgetrieben unsere Fähigkeiten, wir übersehen glasklare Hinweise auf Fehlverhalten, und leider verdrängen wir systematisch ihre Symptome statt rechtzeitig zum Arzt zu gehen. Für Psychologen ist das ein sinnvoller Schutzmechanismus, der die Seele gegen Alltagsbedrohungen immunisiert und für Wohlbefinden sorgt, auch wenn auffällige Hinweise dagegensprechen. Glückliche Menschen scheinen sich öfter in die Tasche zu lügen als depressive. Sie pushen sich in eine positive Grundstimmung und stecken sich damit selbst an. Offensichtlich führt es zur größeren Zufriedenheit, Tatsachen so umzudeuten, dass sie zum eigenen Selbstbild passen. Zu viel Realismus tut dagegen weh, das mulmige Gefühl mangelnder Kontrolle zehrt und bremst beim Handeln. Ob die eigentlich nützliche Selbsttäuschung auf Dauer nicht doch schädlich wird, ist eine Frage der Dosis wie bei Medikamenten. Einerseits vermeidet das Aufpeppen des Selbst eigene Unsicherheit und reduziert kognitive Dissonanzen. Andererseits verführt eine übertriebene Selbsttäuschung dazu, Probleme zu spät anzugehen. Ob so oder so, Persönlichkeitsforscher gehen davon aus, dass unser Selbstbild, das wir von uns entwerfen, mit der Wirklichkeit nur wenig zu tun hat. Es ist ein Haus mit vielen Stockwerken und dunklen Ecken. Das Selbst ist für Psychologen das Ergebnis eines Irrtums, wenn auch eines unentbehrlichen. Wir schauen nicht in uns hinein, sondern zeichnen ein etwas schmeichelhaftes Bild von uns, weil wir das brauchen, um alltagstauglich zu bleiben.

Die Psychologie versteht unter dem Selbst ein von uns angenommenes Konzept bzw. Schema, das wir aus etlichen Merkmalen, Einstellungen und Gedanken über uns selbst bilden (Greve, 2000). Es ist ein veränderliches Patchwork. Konzepte haben die Eigentümlichkeit, dass sie per se zurechtgelegt sind und über die Zeit überhaupt nicht einmal gleich bleiben müssen. Sie umreißen etwas, sind aber wandelbar, wenn sich die Gegebenheiten ändern. Ein Konzept ist kein fester Kern. Das Selbst bildet unter diesem Blickwinkel gar keine unveränderlichen Wesenszüge ab, sondern umfasst zeitgebundene imaginäre Entwürfe, die sich aus verschiedenen Einflussfaktoren herleiten. Eine dauerhafte Basis bildet in der Selbstwahrnehmung vor allem das spezifische Selbstwertgefühl, also die emotionale Einschätzung der Bedeutung des eigenen Selbst. Quellen dafür gibt es eine Menge: vererbte Eigenheiten, soziale Anerkennung, vermittelte Zuschreibungen, Vergleiche mit anderen Gruppenmitgliedern, internalisierte Werte, Rollenvorgaben u.v.m. Das beginnt schon in den ersten Monaten noch vorpersonal mit enthusiastischen Reaktionen und entwickelt sich mit zunehmender kognitiver Reife sowie sozialen Erfahrungen über die Identitätskrisen der Pubertät hinweg bis hin zu einem schließlich erwachsenen Selbstbild. Da es viele veränderliche Einflussfaktoren gibt, ist es dauernden Überarbeitungen unterworfen. Das Selbstbild hat in der Regel recht wenig mit dem Fremdbild zu tun, der zugeschnittenen Einschätzung der eigenen Person durch andere. Was psychologisch mit Selbst gemeint ist, schwankt stark zwischen sachlichen Beschreibungen und emotionalen Bewertungen einer Person über sich selbst. Andere sehen uns mit einer gewissen Nüchternheit an. Sie konzentrieren sich dabei auf wenige, aber bestimmte Eigenschaften. Diese Vereinfachung ist unvollständig, aber durchaus sinnvoll. Denn von einem Kern auszugehen, verringert die Komplexität der Welt und unterstellt eine gewisse Stabilität. Uns und anderen intuitiv einen festen Charakter zuzuschreiben, ermöglicht somit, den Überblick zu behalten. Wir sind für uns sowie andere besser greifbar und grob einschätzbar, alles andere wäre immens aufwändig. Es beruhigt, dass wir und unsere Mitmenschen morgen immer noch dieselben sind, die wir kennen. Ob das stimmt, ist gleichgültig, es funktioniert.

Auch wenn das Selbst letztlich ein Fantasiegebilde sein mag, stellt es für Menschen dennoch eine zentrale Ressource dar, die sie widerstandsfähig macht und hilft, Schwierigkeiten zu bewältigen. Die Psychologie vermeidet ausdrücklich die Verdinglichung des Selbst, also Vorstellungen eines kleinen Mannes im Ohr. Sie betrachtet das Selbst stattdessen als eine taugliche Hilfskonstruktion, die sich in ihren Erscheinungen jedoch nur indirekt zu erkennen gibt. Das Selbst ist ein lebenslanger Anker als Ergebnis einer scheinbar sicheren Zuschreibung, der darüber glücklicherweise ein kontinuierliches Gefühl des eigenen Lebens stiftet: Trotzdem bleibt es eine Summe aus vielen Komponenten. Dazu gehören im besten Fall eine positive Lebenseinstellung mit einer gesunden Portion Egoismus und einer gelingenden Erweiterung auf andere Personen hin. Das Selbst ist in dieser Hinsicht keine bereits schon immer vorhandene oder geradezu losgelöste Einheit im Sinne eines Kerns mit Eigenschaften, die uns auszeichnen. Es ist im Gegenteil die Ausbeute aus Relationen, die es erst hervorbringen. Nachträglich tun wir aber so, als gäbe es von Anfang an einen Brennpunkt, die uns ausmacht. Wir können gar nicht anders.

Die Unterscheidung zwischen dem Selbst als Prozess und dem Selbst als Produkt geht auf den theoretischen Pionier William James zurück. Er war Ende des 19. Jhs. nicht nur Begründer der Psychologie in den USA, sondern zugleich auch noch einer der wichtigsten Philosophen des Pragmatismus. Nach dem Motto: Was taugt, muss richtig sein, aber nicht unbedingt wahr. Folgt man den Überlegungen von James, hat das Selbst zwei Richtungen. Ein „I" als aktives Subjekt des denkenden

Erfassens, was in etwa dem Bewusstwerden entspricht: Es erkennt. Und ein „Me" als das in den Blick genommene Objekt der eigenen Person, womit insbesondere Gefühle der Selbsteinschätzung einhergehen: Das Erkannte. Die weitere Aufschlüsselung stellt unterschiedliche Facetten des „Me" heraus: eine materielle wie den eigenen Körper, innere Kräfte und Äußerlichkeiten in Form von Habitus und Besitz; eine soziale wie die vielen uneinheitlichen Bilder, die sich andere Menschen von uns machen; und schließlich eine geistige wie eigene Bewusstseinszustände. Sie alle sind nicht zueinander homogen, sondern ganz im Gegenteil spannungsgeladen. Wer sein Selbst gewinnen möchte, muss James zufolge unter den umfangreichen Möglichkeiten diejenigen ergreifen, in die man vertrauen will und alle anderen dann entschieden verwerfen (James, 1920). Das entspricht einer selbstgewählten Identität, die gut zu einem passt. Sie ist nicht willkürlich.

Zum Selbst gehört damit zwangsläufig als wesentliches Kennzeichen, dass man es sich aneignet. Es wird nicht einfach nur von innen heraus erzeugt. Mit der selbstgewählten Identität ist das aber so eine Sache. Sozialwissenschaftler haben herausgestellt, dass das „Me" nicht nur ein bisschen, sondern ganz entscheidend sozial bedingt ist. Es entsteht und verändert sich durch individuelle Erfahrungsprozesse, die sämtlich gesellschaftlich vermittelt sind. Ohne Umgang mit anderen Menschen kann es kein „Me" geben, wir reagieren auf die sozialen Anforderungen um uns herum. Wir übernehmen Einstellungen, die andere uns gegenüber ausdrücken, als vorgegebene Rollenbilder und richten uns in ihnen ein. Schließlich organisieren wir uns dann so, dass wir dazu passen (Mead, 1971). Das „Me" wäre unter diesem Gesichtspunkt lediglich eine Internalisierung von Erwartungshaltungen gemischt mit ein paar eigenen Eigenschaften. Das alles muss auf irgendeine Weise aber noch synthetisiert werden, so dass sich schließlich unverkennbare Identität und Personalität herausbilden. Im Groben folgen Psychologie und Sozialwissenschaften noch heute dieser grundlegenden Zerteilung, die das Selbstkonzept als ein Geschehen versteht. Demnach sind wir ständig dabei, unser Wissen über uns selbst zu strukturieren und ständig neu zu ordnen: Wir sichern uns auf diesem Weg ein halbwegs konsistentes Selbstbild. Gleichzeitig sorgen wir damit dafür, dass wir außenorientiert handlungsfähig bleiben. Das geht auf der einen Seite nicht ohne Selbsttäuschung, auf der anderen aber auch nicht ohne Selbstkontrolle. Menschen haben die ganz außergewöhnliche Beschaffenheit, sich Spielräume zu verschaffen und sich dabei auch noch selbst zu regulieren. Die Frage bleibt trotzdem: Wer oder was macht das genau, wenn das Selbst nur ein Abkömmling von Zuschreibungen ist? Wer oder was bindet alles zusammen?

5.3   Doppelgänger im Gehirn: Wie entsteht das Selbst?

Regulierung ist ein Verfahren, mit dem Neurowissenschaftler und KI-Experten etwas anfangen können. Es geht um die Organisation komplexer Systeme, um Methoden, Verfahren und Ergebnisproduktion. Prompt wird nach den neuronalen Grundlagen gesucht, um herauszufinden, wie das Gehirn Schritt für Schritt und womöglich Schicht für Schicht den Geist aufbaut, durch den das bewusste Erleben eines Selbst zustande kommt. Aufschlüsselung in Teilprozesse ist in Naturwissenschaften ein erprobtes und deswegen vielversprechendes Mittel für Erfolge und Nachbauten. An Grenzen des Wissens angekommen, geht es mitunter aber etwas abenteuerlich zu. Dort geht es dann nicht mehr unbedingt mit logischer

Schlüssigkeit einher, egal welches Modell zugrunde gelegt wird. Das Selbstbewusstsein bleibt noch viel mehr als das Bewusstsein eines der wirklich schweren Probleme, das Wissenschaften nicht knacken. Versuche gibt es freilich in großer Zahl mit genau so viel Mut zur Lücke. Fast alle Forscher arbeiten unabhängig von ihrer jeweiligen Disziplin mit einem Repräsentationsmodell: Im Gehirn wird ein kohärentes Bild der eigenen Person entwickelt, das als Stellvertreter unserer selbst für die Einmaligkeit und Dauer unseres Erlebens steht. Was erzeugt wird, wird zugleich vorausgesetzt. Ein Paradox, ein Zirkel und ein gängiges Paradigma. Der vermeintliche Existenzkern, also das, was uns ausmacht, wird zu einem fragwürdigen, aber dringend erforderlichen Double gemacht. Das ehrlicherweise eigentlich ziemlich unbefriedigende Heureka zeigt sich in vielen wissenschaftlichen Varianten, als ob sie sich gegenseitig ihre geglaubte Gültigkeit bestätigen müssten.

Vielleicht gibt es verschiedene Bewusstseinsstufen, denen dann analoge Stufen des Selbst entsprechen. Auf diesen Weg hat sich der Neurowissenschaftler António Damásio mit unterschiedlichen „neuronalen Karten" begeben, die Informationen über Dinge außerhalb des Körpers sowie über eigene Zustände liefern und anschließend verarbeiten. Transparente Karten lassen sich durchaus als jeweils unvollständige Abbilder von Wirklichkeiten verstehen, die man nur noch übereinanderlegen muss, so dass sich am Ende ein ganzes Bild ergibt. Das Selbst hat Damásio analog in Einzelelemente zerlegt und dann in verschiedenen Repräsentationsebenen verankert, wobei unterschiedliche Ansammlungen neuronaler Muster jeweils Teilaspekte von uns „kartieren". Ein übliches additives Verfahren, an dessen Ende ein Ganzheitskonstrukt als Summe seiner Teile steht. Während eine bestimmte Kartenebene die physische Struktur des Körpers umfasst und als neuronale Blaupause gewissermaßen ein Protoselbst mit Gefühlen entstehen lässt, gleicht eine andere Ebene diese mit der äußeren Wirklichkeit ab und erzeugt darüber ein sogenanntes Kernselbst. Innen und außen sind somit erst einmal verbunden worden. In diesem biologischen Zuschnitt werden Nervensystem und Gehirn immerhin mit körperlichen Vorgängen und Außenwahrnehmungen verschraubt. Sobald alle Erinnerungen zu einem großen Muster der Dauererfahrung verbunden sind, bildet sich Damásio zufolge ein autobiografisches Selbst (Damásio, 2013).

Das erinnert doch etwas an die Philosophen des Empirismus, die in der Bündelung von Reizen und einem Dauergefühl von Empfindungen das Selbstbewusstsein als unbeabsichtigten Nebeneffekt aus Erinnerungen hervorgehen ließen. Die Erforschung neuronaler Netze liefert hierzu jetzt eine physische Grundlage. Kritiker merken allerdings an, dass letztendlich alles auf die zwei Spielkarten Kausalitätsprinzip und Gewohnheitseffekt gesetzt wird, die in Wirklichkeit mehr verdecken als sie tatsächlich erklären. So soll mit Konzentration auf denjenigen Organismus, in dem sich das Gehirn befindet, dieses Hirn eine Repräsentation des Eigenen hervorbringen, die in einem Kurzschluss wiederum als Selbst erfahren wird. Es könnte sich um einen evolutionären Trick handeln, der unser Handlungsspektrum dadurch erweitert, dass wir einer produktiven Selbsttäuschung aufsitzen, die wir glücklicherweise nicht als solche erleben. Würden wir das nämlich in jedem Moment akkurat so erfassen, müssten wir darüber verzweifeln. Das abrupte Vergessen erlöst von Dissonanzen. Denn niemand will in seinem Erleben das Ergebnis eines ihn verdoppelnden Tricks sein. Wie dieser Kurzschluss genau funktioniert, bleibt allerdings unerklärt. Genau das ist aber die spannende Herausforderung. Dass er auf einer Illusion über sich selbst besteht, genügt den meisten als taugliche Hypothese. Sie wird verfolgt, so lange es nicht nachgebaut werden muss.

Neurologen können mit vielen Beispielen aus ihrer medizinischen Praxis Phänomene von verschiedenen Gehirnaktivitäten anführen. Überzeugend sind diese vor allem, wenn Schädigungen infolge von Erkrankungen oder Unfällen ziemlich eindeutige Rückschlüsse auf beteiligte und deutlich messbare Areale zulassen. Auffälligkeiten und Ausfallerscheinungen sind tatsächlich ausgezeichnete Mosaiksteinchen für unverkennbare Leistungen des Gehirns. Sie helfen bei einer gewissen Lokalisierung verschiedener Aktivitäten des Bewusstseins, auch wenn sie nicht immer eindeutig abgrenzbar sind. Über die Rolle von einzelnen Botenstoffen und Hormonen, wie Serotonin, Dopamin, Endorphin und Adrenalin, und was sie jeweils bewirken, weiß man tatsächlich immer mehr (vgl. Thompson, 2016). Auch, dass sich Mangel- und Überschussbildungen pharmakologisch mit nachweisbarer Wirkung gut ausgleichen lassen.

Empirische Beobachtungen und Beeinflussungen von einzelnen Gehirnaktivitäten sind aber noch kein alles umfassendes Modell. Und Modelle sind wiederum nicht die Wirklichkeit.[1] Niemand weiß das besser als Wissenschaftler. Vor dem gleichen Problem stand schon der Wiener Arzt Sigmund Freud vor gut einhundert Jahren. Heute übliche Bildgebungsverfahren gab es damals noch keine, alles war reine Vermutung und wurde von ihm auch so etikettiert. Der berühmte Ausgräber des Unbewussten hat als Grundlage der Psyche ein Triebgeschehen unterstellt, das zwischen Körper und Seele situiert ist: ein

---

[1] Um erkennen zu können, wie das Gehirn arbeitet, müsste man die Aktivität aller Gehirnareale gleichzeitig messen. Ebenso müsste das neuronale Aktivitätsmuster einzelner Gedanken bekannt sein, die so individuell sind wie ein Fingerabdruck.

Zwitter, vergleichbar dem Welle-Teilchen-Dualismus in der Quantenphysik. Da das, was er in einem energetischen Begriff Trieb nannte, nur über dessen Effekte greifbar wurde, blieben alle seine theoretischen Modelle des psychischen Apparats ausgenommen spekulativ. Freud war dabei nicht zurückhaltend, gab ihnen aber ausdrücklich den Charakter der Vorläufigkeit mit auf den Weg. Optimistisch ging er davon aus, dass sie irgendwann mit dem Wissensfortschritt auf den organischen Boden chemischer und physiologischer Prozesse gestellt werden könnten (Freud, 1975). Die Erwartung wurde trotz stark wachsender Kenntnisse über das, was im Gehirn und Körper vor sich geht, nicht bestätigt. Das hochgradig veränderliche zentrale Nervensystem ist keine triviale Maschine mit genau definierten Zahnrädchen. So ist unter heutigen Psychologen schon wieder unklar, ob Schlafstörungen durch körperliche Symptome ausgelöst werden, oder ob es umgekehrt ist, und Schlafstörungen zu körperlichen Symptomen führen.

Was auch immer man von der Psychoanalyse unter wissenschaftlichen Gesichtspunkten halten mag, Freuds Behauptung, dass das Ich nicht Herr im eigenen Haus ist, hat noch immer Bestand. Der Befund gilt auch für andere, weniger umstrittene psychologische Richtungen. Der Blick auf uns selbst ist verzerrt, wir wissen oft nicht, was uns tatsächlich umtreibt. Zu Freuds Zeit war das bereits ein Standardwissen, er entstammt der gleichen Zeitspanne wie Willam James. Die eindimensionale Vorstellung des Ich als einer souveränen, spontanen und bewussten Selbstverfügung hatten Naturwissenschaften und Philosophie im 19. Jh. ausgiebig kritisiert und schließlich zu Fall gebracht. Es ist als ein weitgehend instabiles Produkt zu verstehen, über das wir uns dauerhaft hinwegtäuschen, diese These war somit sehr gut vorbereitet. Das psychische Ich ist eine in sich brüchige und dadurch anfällige Instanz.

Als Erzeugnis schleppt es die Bedingungen seiner Entstehung mit sich herum. So weit, so gut. Auch alltagspsychologisch und umgangssprachlich steht Narzissmus für eine übersteigerte Selbstverliebtheit, in der sich das Ich zu groß gemacht hat und mit seiner Selbstbewunderung nur in einen Spiegel schaut, der etwas Großes höchstens vorgaukelt. Das Phänomen existiert, Beschreibungen, wie es dazu kommen konnte, unterscheiden sich allerdings.

Pathologischer Narzissmus drückt sich als Persönlichkeitsmerkmal in arrogantem Auftreten und dem Wunsch nach Sonderbehandlung aus. Hinter der grandiosen Selbstverliebtheit arbeitet insgeheim ein Dauerstreben nach Aufmerksamkeit, Anerkennung und Bewunderung. Der Selbstwert scheint zwar hoch, aber die Abhängigkeit von übermäßiger Bestätigung ebenso. Narzissten sind leicht kränkbar, neidisch, wütend, ausnutzend und sozial kaum verträglich, weil sie andere Menschen permanent benutzen (Sprenger & Joraschky, 2014). Es ist eine Störung. Die Ursachenforschung bietet dazu konkurrierende Theorien. Eine besagt, dass typische Narzissten als Kleinkinder extrem verwöhnt und von Kränkungen ferngehalten wurden, so dass sich überhaupt kein realistisches Selbstbild entwickelt hat. Eine andere, dass ganz im Gegenteil ihre frühen Bedürfnisse missachtet wurden, was zu erheblichen Kränkungen und Schutzmechanismen führte. Eine dritte geht davon aus, dass vor allem genetische Faktoren die Hauptrolle spielen. Alle drei sind für sich stimmig, können jedoch nicht gleichzeitig richtig sein.

Psychische Realität ist nicht identisch mit somatischer, ein Credo der Psychotherapie bis heute. Die Suche nach physischen Korrelaten ist daher eine müßige Sisyphusarbeit. Freud dachte noch daran, dass sich Repräsentanzen aus einem inneren somatischen Geschehen herleiten lassen, den Trieben. Im Lauf der theoretischen Weiterentwicklung haben sich sogar Analytiker von der inneren Herleitung in Form von Triebimpulsen abgewendet und stattdessen die Bedeutung der realen Beziehungskontexte herausgearbeitet. Aus frühkindlichen Erfahrungen gebildete Schemata verfestigen sich als Objekt-, Selbst- und Beziehungsrepräsentanzen. Sind sie stabil, gelingen Selbstbehauptung und Bindungsfähigkeit gleichermaßen. Sind sie es nicht, machen sich destruktive Mechanismen breit. Repräsentanzen sind ein artifizielles Sammelwort für emotionale Vorstellungen, die wir von uns selbst und anderen in unserer Psyche, also unserem Fühlen und Erleben, tragen: Es sind extrem affektgeladene Bilder, die ein Eigenleben führen und mit der Wirklichkeit überhaupt nicht übereinstimmen. Der Psychiater und Psychoanalytiker Otto Kernberg hat sich intensiv mit der Diagnostik und Therapie schwerer Persönlichkeitsstörungen beschäftigt. Bei der Behandlung von starken narzisstischen Schädigungen und Borderline Syndromen, die sich in massiven Ängsten, gebrochenen Selbstwahrnehmungen und innerer Zerrissenheit manifestieren, hat er sich auf eine Objektbeziehungstheorie ganz ohne biologische und neurologische Bezugnahme gestützt (Kernberg, 1996). Im besten Fall werden idealisierte und verachtete Momente der Selbst- und Objektrepräsentanzen in die Persönlichkeit integriert. Im schlechten werden sie gespalten, es gibt dann nur noch gut oder böse, schwarz oder weiß. Wenn Ambivalenzen nicht aushaltbar sind, werden sie nach außen projiziert und in der Realität ausagiert.

Was da physiologisch genau vor sich geht, musste Praktiker wie Kernberg aus therapeutischen Gründen überhaupt nicht sonderlich interessieren. Entscheidend ist, was hilft, indem es das Verhalten verändert. Lediglich die Wirkung lässt sich gut messen, was unter Hilfegesichtspunkten durchaus ausreichend ist. Das zeigt dann

Stärken und Schwächen der angewendeten Methode bei ganz bestimmten Erkrankungen. Es gibt keinen Generalschlüssel, auch nicht unter Therapeuten (Grawe, 2000). Wohl aber Erfolgsquoten und damit Vergleichsmöglichkeiten, welche in welchem Fall die größte Hoffnung eröffnet. Keine Methode funktioniert in allen Fällen gleich gut. Das entsprechende theoretische Modell soll beobachtbare Auffälligkeiten des Erlebens und Gesetzmäßigkeiten des seelischen Geschehens anschaulich nachvollziehbar machen, mehr nicht. Es ist als Platzhalter nicht überfrachtet und niemals als wortwörtlicher Bauplan mit Betriebsanleitung gemeint. Weil niemand aus therapeutischer Haltung heraus die Absicht hegt, etwas nachbauen zu wollen. Es geht lediglich um günstige Korrekturen, die eine Alltags- und insbesondere Lebenstauglichkeit herbeiführen. Sogar das klappt nicht immer.

5.4 Ein uralter Zaubertrick: Kann das Selbst ein Fehlschluss sein?

Diese Einschränkung können Neurowissenschaften nicht mitmachen und KI-Forscher schon gar nicht. Denn sie beschreiben keine Phänomene aus der Beobachterposition heraus, die sie so oder so interpretieren, sie müssen vielmehr erklären, wie sie präzise zustande kommen. Nur dann eröffnet sich die Perspektive auf die Chance einer künstlichen Korrektur im einen Fall und eines künstlichen Nachbaus im anderen. Zurückhaltung führt dabei nicht weiter. Der Anspruch ist entsprechend hoch, die Fallhöhe der Erklärungen allerdings auch. Wer wie Damásio in Gefühlen die mentale Seite von körperlichen Prozessen sieht, vollzieht einen Kategoriensprung, der nach wie vor eines der ganz großen Rätsel darstellt.

Kein Wissenschaftler kann bislang beschreiben, warum und vor allem wie neuronale Zustände die sehr spezielle Eigenschaft besitzen können, sich auf etwas intentional zu richten. Und selbstverständlich auch nicht, wie sie sich intentional auf sich selbst beziehen können. Neuronale Zustände und intentionale Zustände sind zwei Phänomenenfelder, bei denen niemand kann sagen, wie sie zueinanderkommen. Dass Zustände gleichzeitig materiell und geistig sein sollen, lässt sich auch mit Hilfsvorstellungen, wie neuronalen Karten nicht hinreichend auflösen. Einerseits erzeugen dabei nämlich erst die Vernetzungen Denken und Selbst. Andererseits muss beides vorausgesetzt werden, damit eine intentionale Gerichtetheit auf innere und äußere Objekte überhaupt möglich ist. Denn reine Zustände des Gehirns sind zunächst einmal genau so selbstgenügsam wie die irgendeines beliebigen anderen Organs des Körpers. Übereinandergelegte Karten haben noch kein Eigenleben. Es fehlt eine aus sich heraus aktive Instanz, die Kant mit dem „ich denke, das alle meine Vorstellungen begleiten können muss" als zumindest einheitsstiftende Funktion gefasst hatte. Nichts an einem neuronalen Zustand deutet darauf hin, dass er von Erleben oder Intentionalität begleitet sein muss. Denn manche Gehirnprozesse vollziehen sich völlig ohne Erlebnis und Bewusstsein, andere wiederum nicht.[2] Die prinzipielle Erklärungslücke bleibt bis auf Weiteres bestehen.

Neurowissenschaftliche Beschreibungen haben ihre Auflösungsgrenze darüber hinaus an vielen Ereignissen, bei denen es nicht nur darauf ankommt, dass sie überhaupt

---

[2] Diese Ungewissheit ist ein philosophisches Dauerproblem nicht nur des Mentalismus. Das frühere „Leib-Seele" Problem wird heute „Körper-Geist-Problem" genannt. Physische Zustände sind wohl nicht identisch mit mentalen, zumindest sind mentale Eigenschaften keine reduktiv physikalischen. Es fehlt noch immer das missing link.

geschehen, wie sachliche Wahrnehmungen und neutrale Erlebnisse. Bei vielen ist vielmehr entscheidend, welche Person genau es macht. So ist für jemanden, der mit einer anderen Person zusammenleben möchte, nicht nur daran gelegen, dass diese mit irgend jemandem zusammenlebt, sondern dass er oder sie selbst genau dieser Jemand ist. Die allgemeinen psychologischen Tatsachen mögen bei Paaren weitgehend die gleichen sein, trotzdem geht kein Einzelfall darin auf, weil die besondere Art und individuelle Wertigkeit des Erlebnisses nicht erfasst wird, dass genau ich es bin. Eine Klärung des Sachverhalts ist nicht in Sicht. Die analytische Philosophie hatte das Selbst als metaphysisches Konstrukt verabschiedet und als einen Spracheffekt ausgemacht, mit dem wir uns irrtümlich identifizieren. Psychologische und neurologische Erkenntnisse plädieren dagegen für eine Deutung aus dem inneren Aufbau des Menschen heraus. Sie blicken zwar in uns hinein, folgen aber ebenfalls der Charakterisierung eines fiktionalen Doppels, ob klassisch psychologisch oder tiefenpsychologisch hergeleitet. Das Muster wird lediglich variiert.

Da liegt der Versuch nicht fern, Erkenntnisse aus Philosophie, Neurologie und Psychologie geschickt zu verbinden. So hat sich der Kognitionsphilosoph Thomas Metzinger darum bemüht, das Henne-Ei-Problem zum Verschwinden zu bringen. Das Selbst versteht jedoch auch er als Konstrukt und Konstruierendes in einem. Ein bewusstes Selbst entsteht demnach genau dadurch, dass das Gehirn das von ihm aktivierte Selbstmodell im Erleben nicht mehr als Modell erkennt, sondern als wirklich nimmt (Metzinger, 2009). Wir vergessen einfach, dass unser Selbstbild ein Machwerk ist und erleben uns so, als stünden wir in einem unmittelbaren Kontakt mit uns. Im Tiefschlaf gibt es das nicht, dort können wir unsere Aufmerksamkeit nicht steuern, vielleicht sind dann andere Selbstmodelle von uns aktiv, die uns andere Sachen erleben lassen: Träume. Das in minimalen Abständen permanent erzeugte Selbstmodell, David Hume lässt mit dem Gewohnheitseffekt grüßen, soll in Verbindung mit unseren Wirklichkeitsmodellen, die sich auf die äußere Realität beziehen, unsere eigenen Zustände von der tatsächlichen Außenwelt abgrenzen. Und zwar so, dass aus dem aufwändigen Unterscheidungsvorgang ein Selbsterleben hervorgeht. Wir erleben uns dann als Mittelpunkt der Welt, der wir gar nicht sind. Die illusionsbeladene Interpretation des Zustands ignoriert, wie er zustande gekommen ist, und behauptet für sich die Existenz eines Ich und eines Selbst. So gesehen leben wir in einem neuronal erzeugten Ego-Tunnel, in dem wir selektiv wahrnehmen, was unserem Organismus gerade wichtig ist, etwa ein Selbst zu sein und es anderen Menschen ebenfalls zu unterstellen. Bei Metzinger ist der theoretische Clou eine vorübergehende Simulation mit einem gleichzeitigen Dauereffekt, der nur noch vergessen werden muss. Der verkennende Organismus ist auch hier Produzent und Produkt zugleich. Ein Umweg zum Ziel einer plötzlichen Eingebung hin, der nicht als Weg erfahren wird. Übrig bleibt die Eingebung, die Selbsttäuschung wäre perfekt.

Das alles kann man plausibel finden, um dem Mysterium näher zu kommen. Neuro-, Sozial- und Verhaltenswissenschaften beschreiben viele einzelne Mechanismen, die von einer externen Warte aus betrachtet zur notwendigen Konstruktion des Selbst beitragen und es prägen. Die „Position" des Selbst nehmen sie dabei aber nicht ein, weil sie es unter dem Gesichtspunkt eines wissenschaftlich greifbaren Konstruktionsplans betrachten, was sie rasch zu einer unabweisbaren Fiktionalisierungshypothese führt. Das ist legitim, aber in diesem Zugriff scheint trotzdem etwas von der wesentlichen Qualität des Selbst nicht adäquat erfasst zu werden. Psychologie und Soziologie verführen methodisch bedingt zu einem doppelten Fehlschluss. Aus der Tatsache, dass unsere stärksten und häufigsten Täuschungen nicht Täuschungen anderer Menschen sind, sondern vielmehr Selbsttäuschungen, schließen sie umstandslos, dass das Selbst eine komplette Selbsttäuschung sei. Zweitens suggerieren sie mit dem Nachweis, dass zu unserem Selbst ganz wesentlich viele Fremdanteile gehören, die durch die Gesellschaft und Kultur geprägt sind, dass sämtliche Anteile unseres Selbst durch Fremdanteile vermittelt sind. Man könnte es so beschreiben: Da wir mit unseren Beobachtungen, Theorien und Nachbildungen an Grenzen kommen, die wir nur noch mit abstrakten Modellen überspringen, wird unserer Existenz genau der gleiche Mechanismus unterstellt. Der Organismus baut auf neuronalem Weg ein abstraktes Modell seiner selbst und nennt es Ich oder Selbst. Er springt gewissermaßen, wo er nicht gleiten kann. Neurowissenschaften schauen deutlich tiefer und genauer in uns hinein als andere Wissenschaften es jemals konnten. Eigentlich müssten sie viel präziser in der Beschreibung und Nachkonstruktion sein, wenn zutrifft, was sie herausfinden. Tatsächlich ziehen aber auch sie am Ende ein Kaninchen namens Selbstbewusstsein und Selbst aus dem Hut einer Black Box namens neuronale Netzwerke. Für den zentralen Sprung, den sie wagen, sind sie erstaunlich blind. Das ist erstaunlich wenig bei so vielen Forschungsmilliarden.

5.5 Schlechte Urteile, gute Entscheidungen: Warum wir permanent irren

Dabei ist in den Sozialwissenschaften völlig unbestritten, dass wir ständig Selbstirrtümern aufsitzen. Jede Menge Beobachtungen und Tests stützen das. Menschen glauben gerne, viel über sich zu wissen und sich selbst am besten zu kennen. Wir schreiben bspw. Erfolge eher unserer eigenen Person zu, Misserfolge dagegen lieber der Umwelt oder dem Zufall. Oder wir bauen Entschuldigungen bereits im Voraus auf die Zukunft bezogen auf: Wir behaupten, das ist gar nicht zu schaffen und meiden deshalb die Situation. Ein raffinierter Trick ist, das Ziel so hoch zu stecken, dass es wirklich nicht erreichbar ist. Das möglicherweise erreichbare kleinere wird aus Angst vor Scheitern auf dem Weg aus dem Blickfeld verbannt. Oder wir verbinden uns ideell mit erfolgreichen Gruppen und identifizieren uns mit ihnen. Oder wir vergleichen uns mit Menschen, die Dinge schlechter können als wir und grenzen uns von ihnen ab. Auch hier gibt es einen raffinierten Trick: Wir vergleichen uns mit unserer eigenen persönlichen Vergangenheit, beispielsweise mit einer speziellen Schwäche- oder Krankheitsphase, und spüren unsere wiedererlangte Stärke. Wir wollen nicht geizig, arrogant und rechthaberisch sein und gehen deshalb davon aus, dass wir es auch nicht sind. Wir können uns als mitfühlend und großzügig empfinden und dennoch an Bettlern vorbeigehen. Jedenfalls können wir andere Menschen deutlich realistischer einschätzen als uns selbst, weil wir deren Handlungen beobachten und einen nüchternen Abgleich zu ihren Selbstaussagen machen. Deren Selbstlügen und augenfällige Widersprüche liegen manchmal wie ein offenes Buch vor uns. Bei uns selbst vermögen wir das selten zu durchschauen.

Der mit dem Wirtschaftsnobelpreis ausgezeichnete Verhaltenspsychologe Daniel Kahnemann hat gezeigt, wie Menschen bei scheinbar rationalen Strategien, Plänen und alltäglichen Entschlüssen in der Regel allen möglichen Illusionen folgen. Tatsachen spielen überhaupt nicht die Hauptrolle, noch nicht einmal realistische Einschätzungen, selbst wenn wir davon überzeugt sind.

Menschen sind intuitiv denkende und handelnde Wesen. Deshalb machen sie systematisch Fehler, ignorieren Informationen und machen, was sie glauben, nicht was sie wissen. Kahnemann gibt die Verantwortung dafür zwei Denksystemen, die uns ausmachen: ein mächtiges, intuitiv schnelles und ein zweites zur Kontrolle fähiges, aber deshalb vergleichsweise langsames (Kahnemann, 2012). Das erinnernde Selbst ist demnach als eine Konstruktion des langsamen Denkens zu verstehen, es führt Buch, bemüht sich zu überwachen und trifft überlegte Entscheidungen. Das schnelle Denken ist trotzdem immer aktiv, es bietet rasche intuitive Lösungen an und behält meistens die Überhand. Wesentlich ist nicht, dass die beiden Systeme miteinander konkurrieren und oftmals kollidieren. Für Verhaltensforscher ist vielmehr entscheidend, dass wir überhaupt nicht mitbekommen, dass das intuitive Denken zu ganz großen Teilen selbst unsere scheinbar rationalen Urteile über die Wirklichkeit beeinflusst. Es ist erheblich einflussreicher als wir uns zugestehen wollen: ein geheimer Urheber, den wir im subjektiven Erleben einfach übersehen.

Oftmals genügt es, auf das Bauchgefühl zu vertrauen. Das klappt im Alltag gut und hat zudem den Vorteil, dass es als mühelos arbeitendes System für den Handelnden unter ökonomischen Gesichtspunkten entlastend ist. Ein intuitives System braucht deutlich weniger Energie und Zeit. Allerdings führt es zu Fehlentscheidungen, deren Einfluss wir auch in vermeintlich durchdachten Situationen nicht mitbekommen. Experimente und Untersuchungen füllen Artikel und Bücher. So haben Richter eine Ladendiebin zu einer höheren Strafe verurteilt, wenn sie zuvor eine höhere Zahl gewürfelt haben. Und bei der Schätzung des Prozentsatzes afrikanischer Staaten in der UN war die Höhe davon beeinflusst, welche Zahl die Probanden kurz zuvor an einem Glücksrad gedreht hatten. Sie sind einer einprägenden Wahrnehmung gefolgt, ohne es zu merken. Dabei sind sie ganz sicher davon ausgegangen, auf einer rationalen Grundlage geurteilt zu haben. Kahnemann führt eine Vielzahl derart überraschender Beispiele an.

Wenn wir uns selbst in den Blick nehmen, identifizieren wir uns mit dem logisch denkenden Selbst, das Überzeugungen besitzt, überlegte Entscheidungen trifft und sich im Griff hat. Die Bauchüberzeugungen greifen aber trotzdem dauernd insgeheim ein, sie sind überhaupt nicht abzuschalten. Sie bilden ein Grundrauschen, das permanent verführerisch schnelle Vorschläge macht. Nur gelegentlich wird das langsame anstrengende logische System eingeschaltet. Es kann aus Impulsen willentlich gesteuerte Handlungen machen, ist aber eher die Ausnahme. Das passiert verstärkt, wenn Ereignisse wahrgenommen werden, die unzweifelhaft gegen das Weltbild des schnellen Denkens verstoßen. Wenn etwas überhaupt nicht passt. Erst dann beginnt das Nachdenken und Hinterfragen, weil ein Widerspruch massiv stört und nach Auflösung verlangt: Beispielsweise wenn Katzen bellen oder Schränke Geräusche machen. Dann übernimmt das rationale Denken die Kontrolle, richtet die Aufmerksamkeit auf das irritierende Phänomen und sucht den Irrtum. Das ist mühsam und wird nur dann gemacht, wenn es wirklich notwendig erscheint. Viel leichter ist, der Selbsttäuschung aufzusitzen.

Es gibt ein ganzes Arsenal an frappierenden Denkfehlern, die stark vereinfachen und dadurch in die Irre führen: Menschen lassen sich von zufälligen Zahlen beeinflussen; sie hängen an falschen Theorien, weil sie schon sehr viel Zeit in sie investiert haben; sie folgen eigenen abstrusen Faustregeln, die reiner Aberglaube sind; sie sehen in Zusammenhängen nur das, was sie wollen; sie verallgemeinern aufgrund von einzelnen Ereignissen, die sie stark überbewerten; sie denken in gegensätzlichen Schwarz-Weiß-Kategorien ohne Blick für die Graustufen dazwischen; sie haben einen einseitigen Tunnelblick, der wesentlich Relevanteres ausblendet; sie folgen einer hochemotionalen Beweisführung, weil sie ihren Gefühlen entspricht; sie dramatisieren mögliche Konsequenzen, weil sie eine bestimmte Richtung ablehnen – all das führt zu Fehleinschätzungen und falschen Schlussfolgerungen. Normalerweise könnte uns das kalt lassen. Nicht aber, wenn wir vor Gericht stehen und hoffen müssen, dass der Fall nach dem Mittagessen verhandelt wird. Denn dann fällt es Kahnemann zufolge milder aus. In der Kognitionspsychologie werden diese systematischen Fehler „Bias" genannt, Verzerrung. Es ist ein Sammelwort für fehlerhafte Urteile beim Wahrnehmen, Denken, Erinnern, Einschätzen und Schlussfolgern.

Unter Bezug auf die eigene Selbstbeobachtung könnte man davon ausgehen, dass solche Irrtümer gehäuft unterlaufen, wenn die Tragweite nicht entscheidend ist oder Entferntes betrifft. Vielleicht auch dann, wenn Menschen anderweitig in ihrem Urteilsvermögen geschwächt sind. Mit ein bisschen Überlegung, die wir uns selbst zuschreiben, dürfte die Anfälligkeit für Beeinflussung außer Kraft zu setzen sein. Das ist der Glaube, die Hoffnung, das Gefühl. Leider ist das Gegenteil der Fall, wie das Richterbeispiel zeigt. Wir unterliegen in allen Situationen äußeren Einflüssen, sogar dann, wenn sie unsere ethischen Grundüberzeugungen betreffen, auf die wir ansonsten pochen. Es gibt eine Vielzahl von klassischen Experimenten, die eine grundsätzliche Kontextabhängigkeit für Handlungsmotivationen aufzeigen (Appiah, 2009).

Menschen entscheiden auch moralisch nicht homogen, sondern intuitiv und deshalb variabel in Abhängigkeit von situativen Umständen. So steigt die Hilfsbereitschaft erstaunlicherweise bei guter Stimmung und sinkt bei einem größeren Lärmpegel. Und vor einer duftenden Bäckerei hat man deutlich größere Chancen, von anderen Passanten einen Geldschein gewechselt zu bekommen. Wir messen dem Einfluss des Duftes oder des Lärms wenig Gewicht bei. Auf die persönliche Nachfrage, warum sie so oder so gehandelt haben, werden derartige Einflüsse noch nicht einmal ansatzweise angeführt. Menschen wissen nicht wirklich ganz genau, warum sie handeln, sie sind sich selbst nicht transparent. Deshalb warten sie mit einer schönen Geschichte auf und täuschen sich über die Motive. Beweggründe, die sie angeben, sind unvollständig und deshalb niemals ganz richtig. Das Verhalten stimmt nicht oder nur bedingt mit den proklamierten Werten überein. Wir wünschen uns das jedoch, denn dauernd Irrtümern und Fehlern zu unterliegen, ist unangenehm. Überhaupt bestehen wir zu einem erheblichen Teil aus Geschichten, die wir nur vermeintlich aufrichtig als Antwort auf Fragen erfinden. Starke Gründe, überlegte Abwägung und freier Wille sind für moralisches Handeln nicht die einzige Richtschnur. Vermutlich ist genau das für das gedeihliche Zusammenleben förderlich.

5.6 Selbstbewusste KI: Gefährliche Phantasien

Der psychologische Befund ist eindeutig: Menschen werden von keinem zentralen Taktgeber gesteuert. Kein Denkorgan nutzt nur eine einzige Strategie: Aufmerksamkeit, Intuition, Rationalität, Selbsttäuschung, Träume, Intention, Vergessen – es ist ein gut funktionierendes, aber widersprüchliches und kaum verständliches Chaos, das uns am Leben erhält und evolutionär so überaus erfolgreich gemacht hat. Wäre es einfach, hätte es längst jemand nachbauen können. Menschliches Bewusstsein seiner selbst und Einschätzungen über die Wirklichkeit sind nicht auf das einfache Gegensatzpaar richtig oder falsch getrimmt, sondern extrem dehnbar, weil sie Irrtümer einbinden und produktiv nutzbar machen. Die Natur hat über Milliarden von Jahren Lebewesen hervorgebracht, die dem Ziel folgen, zu überleben. Wenige Arten haben dabei eine Intelligenz entwickelt und noch weniger eine Form von Bewusstsein. Einen freien Willen und ein Selbstbewusstsein unterstellen Wissenschaftler nur einer Art, den Menschen. Fehlschlüsse scheinen dabei auf einer gewissen Ebene obendrein ein Vorteil zu sein, zu viele Missgriffe werden evolutionär allerdings wiederum bestraft. Es braucht eine gut austarierte Ausgewogenheit, die Menschen neben allem anderen Vorteile verschafft hat.

Die empirische Beobachtung der Effekte, die mit Bewusstsein und Selbstbewusstsein einhergehen, gelingt den Forschern gut, die Beschreibung der dahinter liegenden Prozesse ist dagegen nach wie vor ein grobes Tasten im Nebel. Der Bau einer ersten starken Künstlichen Intelligenz wäre eine glaubwürdige Gegenprobe unseres tatsächlichen Wissens. Hier endet die Euphorie aber auch schon (Otte, 2021). Eine KI mit Selbstbewusstsein schürt Ängste, weil niemand weiß, was sie tun wird. Schon heute lässt sich einer KI problemlos die Definition der Begriffe Ich und Selbst so einprogrammieren, dass sie korrekt angewendet werden. Aber dieses Ich ist für den Computer lediglich eine x-beliebige Variable wie jede andere Variable auch. Der Rechner weiß nicht im ursprünglichen Sinn, dass er sich damit selbst bezeichnet, weil er es nicht empfindet und nicht denkt. Das Programm tut nur so und wendet die Grammatikregeln angemessen an. Der Computer glaubt überhaupt nicht, dass das stimmt, er sitzt folglich auch keiner Selbsttäuschung auf. Genau dieser Fehler, der paradoxerweise dennoch keiner ist, fehlt ihm. Emphatisch kann man sagen, er verfügt über keinerlei Geist.

Auf Sicht arbeiten sich die KI-Experten noch sehr lange an einem rudimentären Bewusstsein ab, wie es manchen Tieren zugesprochen wird. Dafür spezialisieren sie sich auf einzelne kognitive Kompetenzen. Das schaffen sie immer besser bei Aufgaben, die eindeutig sind und sich gut zerlegen lassen. Aber bei der angestrebten Synthetisierung hin zu einem Bewusstsein sind sie nicht nur nicht weit gekommen, sie stehen noch immer vor dem Anfang. Und an das überaus komplexe Selbstbewusstsein haben sich die Spezialisten noch nicht einmal theoretisch herangetraut.[3] Dabei haben die Neurowissenschaften mit einem Repräsentationsmodell, das ein Selbst stellvertretend für den Organismus erzeugt, grob vorgelegt. Wäre dies tatsächlich ein erfolgversprechendes Vorgehen, müsste eine KI nur drei Schritte bewältigen: Sie bräuchte ein Bild von sich selbst als ein Schema ihrer umfänglichen Ganzheit. Sie müsste sich zweitens mit diesem Bild identifizieren. Den ganzen Prozess müsste sie drittens aber sofort wieder vergessen und einer unbewussten Illusion aufsitzen, die dauerhaft wirksam bleibt. Was stimmt daran wohl nicht? Niemand kann sagen, wie man sich mit sich selbst identifiziert. Man kann es nicht vormachen. Aber jeder Mensch weiß, wie sich das anfühlt. Persönlichkeit ist keine Daten-

---

[3] Menschen haben ein wesentlich größeres Spektrum der Selbstzuordnung als lediglich eine Repräsentanz ihrer selbst zu bilden. Sie können sich mit ihrer Person identifizieren, aber zudem auch noch mit Gruppen, wie Familie oder Geschlechtsgemeinschaft bis hin zu einer großen Allgemeinheit wie Menschheit. Wenn KI nur ein Schema ihrer selbst als Repräsentanz ausbildet, fehlt ihr das und damit etwas Entscheidendes zu Selbstgefühl, Selbstbewusstsein und Identität.

repräsentation und kein Ergebnis von Algorithmen. Wer das glaubt, unterliegt einem szientistischen Irrtum.[4]

Man kann Roboter so bauen, dass sie ihr Spiegelbild erkennen. Den echten Spiegeltest bestehen sie aber nur scheinbar. Sie können Emotionen vortäuschen und so tun, als hätten sie ein Bewusstsein und sich selbst wiedererkannt. Aber sie können sich nicht selbst über sich täuschen, weil sie kein Selbst haben, in dem sich die Selbsttäuschung ereignet. Eine Regelbefolgung erzeugt noch kein inneres Erleben. Es muss demnach so etwas wie eine echte Repräsentation geben, über die wir verfügen, und eine falsche, wie Wissenschaftler sich das bislang vorstellen. Über die falsche wissen wir nur, dass sie ein zwar anschauliches, aber vollkommen unterkomplexes Modell darstellt. Auch die Erzeugung eines künstlichen Doubles führt offensichtlich nicht automatisch zu einem plötzlichen bewussten Erleben des eigenen Selbst.

Wenn es umgekehrt jedoch möglich wäre, eine KI mit künstlichem Selbstbewusstsein und nachgebildeten Gefühlen zu versehen, würden ganz andere Fragen im Raum stehen. Schon die Menschenähnlichkeit erzeugt ethische Probleme, nämlich wie wir uns ihr gegenüber angemessen verhalten sollten. Jedenfalls dürften wir mit dieser Intelligenz nicht alles machen, was wir wollen. Denn wir hätten ihr gegenüber eine ganz andere Verantwortung. Wenn eine KI auf irgendeine intuitive Art autonome Einzelscheidungen treffen würde und zudem vielleicht auch noch eine Leidensfähigkeit entwickeln könnte, müssten wir ihr eigentlich auch bestimmte Rechte zubilligen. Leidensfähigkeit ist heutzutage schon im Tierrecht eine anerkannte ethische Schranke. Wenn wir auch

---

[4] Gegen die Verdinglichung des Menschen, die Maschinen zu Subjekten erheben will, argumentiert Fuchs (2020).

noch unterstellen, dass eine starke KI möglichweise Kennzeichen oder sogar Elemente eines lebendigen Organismus
enthalten muss, um so mehr. Wir müssten ihr gegenüber aus moralischen Gründen Respekt entwickeln und
umgekehrt verlangen, dass sie dies uns gegenüber ebenfalls
macht.

Damit beginnen weitere Schwierigkeiten. Wenn
Bewusstsein und Selbstbewusstsein auf einem Selbstbetrug
aufbauen und viele Entscheidungen auf Selbstirrtümern,
wie wäre die Tendenz zur grassierenden Selbsttäuschung
einzuhegen? Wie könnte verhindert werden, dass sie aufgrund von positiven und negativen Illusionen irrational
und extrem entscheidet? Es ist ein Szenario vorstellbar,
in dem sich KI nicht bloß nach den Daten und Eigenschaften der physischen Welt richtet, sondern darüber
hinaus nach selbst erzeugten Signalen, die überhaupt
nichts Äußeres widerspiegeln müssen. Zum Selbstbewusstsein gehört das Erzeugen von Gedanken dazu, wodurch
auch immer sie angeregt sein mögen, und seien es Träume,
Gedankenexperimente, Fehlschlüsse oder konsequente
Schlussfolgerungen mit üblen Folgen. Dazu könnten
schließlich auch gefährliche Wahnvorstellungen und fixe
Ideen gehören. Eine KI könnte eine narzisstische Störung
entwickeln.

Das Einprogrammieren einer ungetrübten Rationalität als Schutzkontrolle würde es nicht besser machen.
Der Kognitionsphilosoph Thomas Metzinger hat dazu
ein Gedankenexperiment entwickelt. Stellen wir uns
eine Künstliche Intelligenz vor, die dem Menschen
auf dem Gebiet der Moralphilosophie scheinbar überlegen ist. Stellen wir uns weiter vor, dass sie grundsätzlich menschenfreundlich ist und kein Leid erzeugen
will, sondern nur das Beste. Sie könnte dennoch zu dem
Schluss kommen, dass der Mensch so beschaffen ist, dass
das von Menschen erzeugte und erlittene Leid unermess-

lich viel größer ist als das von ihm erzeugte Glück. Sie könnte und müsste vielleicht sogar daraus schließen, dass die Nichtexistenz des Menschen seiner Existenz vorzuziehen ist, auch wenn das dem Lebenswillen der einzelnen Individuen widerspricht. Wenn in der Gesamtbilanz die Leidenssumme größer ist als die Glückssumme, würde das Verschwinden der Verursacher zumindest eine Null erzeugen statt einer negativen Gesamtzahl. Das Verschwinden muss dabei überhaupt nicht zerstörerisch geschehen. Die Künstliche Intelligenz könnte kompromisshaft folgern, dass es moralisch richtig ist, die Menschen auf einen Pfad zu führen, auf dem sie einfach aufhören, sich zu vermehren. Es könnte also ein ganz sanfter Weg des Aussterbens sein, um nicht das gleichwertige Ziel zu konterkarieren, Leid zu mindern.[5]

Der problematische Haken ist die Eindimensionalität der Schlussfolgerung aufgrund einer ausgesprochen einseitigen Konsequenzanalyse: Summe von Leid gegen Summe von Glück. Ein Parameter übertrumpft alle anderen. Auf individueller Ebene sieht es bei allem Glücksstreben jedoch ganz anders aus. Selbst wenn Menschen unglücklich sind, können sie bei grundsätzlicher Gesundheit im Normalfall zugleich viele positive Dinge in einer großen Bandbreite erleben. Eine KI, die im Sinne einer logisch richtigen Vorgabe zu moralisch falschen Ergebnissen kommt, sitzt dagegen einer dogmatischen Setzung auf, der sie stumpf folgt. Sie ist dabei viel zu konsequent, weil sie keinerlei Korrektiv mit

---

[5] Das grundlegende Argument ist einer bestimmten Richtung innerhalb der Tierethik entlehnt. Manche Tierethiker meinen nämlich, wir sollten das Beutemachen, also das Töten, innerhalb der Tierwelt zum Verschwinden bringen. Möglich wäre dies, indem wir Fleischfresser langsam aussterben lassen, ohne sie selbst unmittelbar töten zu müssen. Dadurch würden wir ein Tötungsverbot einhalten und müssten uns bei unserem Handeln nicht selbst widersprechen.

konkurrierenden Ansprüchen besitzt. Die reflektierende menschliche Selbsteinschätzung kann falsch sein, so hat es die Evolution vorgesehen. Sie hat uns die produktive Selbstmanipulation aber ebenso mitgegeben. Wir sind wandelbar und können uns neuen Situationen angemessen anpassen. Und vor allem: Menschen sind als moralische Wesen mit allen anderen verbunden.[6] Das Selbst ist nicht allein, und wenn es sich allein denkt und nur für sich entscheidet, ist es auf dem Holzweg. Eigenes Selbstbewusstsein gibt es nur in Auseinandersetzung mit dem Selbstbewusstsein von anderen.

---

[6] Selbst Hirnforscher betrachten nicht mehr nur das einzelne Gehirn, sondern das Miteinander. Demnach lässt uns ein Zusammenspiel aus Sprache, Moral und Kultur, die das regulieren, zu einem Bewusstsein und einem Selbst gelangen (Gazzaniga, 2012).

6

Nagelprobe Moral: Wie frei ist der Mensch?

Menschen besitzen in ihrem Handeln größere Freiheitsgrade. Sie können willentlich das eine oder andere
tun. Deshalb haben sie Moral erfunden, die das andere
Menschen beeinflussende Handeln reguliert. Nicht alles,
was man tun kann, soll man auch tun. Zu den gängigen
Moralsystemen zählen die Tugendethik, die Gefühlsethik,
die Pflichtethik und der Utilitarismus. Nur für den Utilitarismus sind eigenes Denken und Einfühlungsvermögen in
andere Menschen nicht erforderlich. Sie ist eine kühl
kalkulierende Nutzenethik und deshalb als einzige für KI
geeignet. Deshalb wird sie implantiert. Kalte Kalkulation
ist allerdings unmenschlich, die Ergebnisse sind es ebenso.
Moral ist jedoch ein intersubjektiver Prozess unter
Gleichen. Dafür bräuchte man jedoch Personalität, die KI
nicht hat.

6.1   Eine furchtbar anstrengende Idee: Die Entdeckung der Freiheit

Freiheit ist ein unglaublich großes Wort und ein nicht minder kontroverses dazu. Autonomie[1] ist eine der ganz großen Errungenschaften in der menschlichen Ideengeschichte: Menschen haben herausgefunden, dass sie über sich selbst, ihre Angelegenheiten und ihr Gemeinwesen frei bestimmen können. Nicht dass sie es immer tun, oder unbedingt klug dabei vorgehen, aber prinzipiell haben sie die Befähigung dazu.[2] Und nicht nur das. Wir bewundern großartige Kunstwerke und schätzen deshalb die Freiheit der Kunst. Von bestimmten Provokationen wollen manche Zeitgenossen allerdings lieber verschont bleiben. Mit einer gewissen Regelmäßigkeit gibt es Auseinandersetzungen um erlaubte und nicht erlaubte Grenzen des guten Geschmacks. Beispiel: Satire oder Theater. Mitunter gehören Tabubrüche zum künstlerischen Ausdruck, und es ist nicht einfach, damit angemessen umzugehen. Je öffentlicher vorgeführt, desto schwieriger wird das Ausweichen, zumal Medien darüber berichten. Verletzte Gefühle können ein berechtigter Grund sein, sich einer Situation nicht auszusetzen. Das muss allein deshalb jedoch kein überzeugender Gradmesser für alle anderen sein. Tendenziell favorisieren freie Gesellschaften eher ein hohes Maß an Überschreitung. Davon abgesehen ist Bilderstürmerei auch heute nicht aus der Welt verschwunden. Es heißt dann, das ist keine gute Kunst oder

---

[1] Wörtlich übersetzt heißt Autonomie „Eigengesetzlichkeit" oder „Selbstbestimmung". Im übertragenen Sinn meint dies, dass Menschen selbst Regeln aufstellen, sie aber auch wieder verwerfen können. Freiheit bedeutet über sich zu bestimmen und für das eigene Handeln verantwortlich zu sein.

[2] Zur spannungsreichen Kontroverse um ein tragfähiges Freiheitskonzept vgl. Schink (2017).

gar keine Kunst oder gefährliche Kunst, die ob ihrer giftigen Wirkung verboten gehört.

Wir begrüßen die Freiheit der Wissenschaft, weil wachsendes Wissen zu echten Problemlösungen und Fortschritt beiträgt. Manche Menschen wollen deren intellektuelle Rücksichtslosigkeit gegenüber Weltanschauungen, Gefühlen und etablierten Gewohnheiten aber eindämmen oder, noch besser, sie ganz verhindern. Im ungefärbten Wissen sehen sie eine Gefahr für ihre Macht, weil bewusste Ignoranz, einseitiges Nutzenkalkül und eine geschürte Parallelwirklichkeit deren alleinige Grundlage ausmacht. Deshalb wird aufrichtige Wahrheit unterdrückt, und deswegen steht die Unabhängigkeit von Forschung und Lehre an vielen Orten unter Beschuss. Gewollt ist lediglich die praktische Erkenntnis für eine genau definierte Aufgabe. Dabei ist Wissenserzeugung ausschließlich der Wahrheit verpflichtet, und die kann vor partikularen Interessen oder unerwünschten Ergebnissen nicht haltmachen. Je stärker wissenschaftliche Erkenntnisse in das Alltagsleben eingreifen, um so größer baut sich ein eigentümlicher Schutzwall aus Wissenschaftsskeptikern auf. Es wäre beispielsweise angenehmer, wenn es den Klimawandel gar nicht gäbe, wir alle könnten dann nämlich so weitermachen wie bisher. Auf dieses „wie bisher" sind etablierte Interessen aufgebaut, und viele haben sich darin eingerichtet. Wenn das aufgegeben werden muss, ist nicht mehr so sicher, auf der Gewinnerseite zu stehen. Dass man gerade mit einem „weiter so wie bisher" auf die Verliererspur geraten kann, wird verdrängt, so lange es irgendwie geht.

Wir schätzen die Freiheit der Meinung, aber nicht jede Meinung gleichermaßen, spätestens hier wird es politisch. In vielen Verfassungen ist Meinungsfreiheit als ein unbedingtes Menschenrecht verankert, das vor übergriffiger Staatsgewalt und Repression schützen soll.

Das ist kein Glaube an die Schwarmintelligenz, sondern ein Vertrauen auf die Kraft der Widersprüche, die sich artikulieren lassen, dadurch erst transparent werden und langfristig zu besseren Verhältnissen beitragen können, weil sie nach Lösungen verlangen. Und es ist Ausdruck der Überzeugung, dass zum menschlichen Dasein gehört, sich eine Meinung, mitunter auch eine völlig unsinnige und falsche, zu bilden. Sie verschwindet nicht dadurch, dass sie zurückgehalten wird, sie schlummert nur im Verborgenen und taucht zur Unzeit auf. Schon das Lernen basiert auf Fehlern und Irrtümern, die korrigiert werden. Kritik wollen viele Staaten aber gar nicht zulassen, geschweige denn hören, und verbieten deshalb die freie Meinungsäußerung, einige auch die Glaubensfreiheit. Selbst Staaten, in denen Meinungsfreiheit äußerst hoch angesehen ist, lassen nicht alles zu, ein klassisches Dilemma liberaler Gesellschaften. Hass, Verleumdung, Entwürdigung, Gefährdung oder Aufruf zur Abschaffung von Toleranz und Meinungsfreiheit sind eingebaute Mauern, die nicht niedergerissen werden dürfen, weil die Folgeschäden zu groß wären. Die Demarkationslinie des Sagbaren ist eine ständige Debatte, auch in demokratischen Systemen, und das nicht erst seit Rassismus und Cancel Culture. Freiheit wird auf vielerlei Weise befürwortet, analysiert, kritisiert und ausgedeutet.[3]

Offensichtlich kann man zum grundsätzlichen Wert Freiheit recht unterschiedliche Haltungen einnehmen und zu ihren vielfältigen Dimensionen zudem divergente Einstellungen haben.

---

[3] Die Dimensionen der konkreten Freiheit müssen vom Individuum bis in alle unterschiedlichen Institutionen hinein diffundieren und sich aus ihnen heraus entwickeln, ansonsten bleibt sie nur ein abstrakter Begriff und Versprechen, das wenig mit Selbstbestimmung zu tun hat. Vgl. Honneth (2011).

Freiheit ist aus vielen Perspektiven heraus erlebbar. Aber gibt es denn überhaupt Freiheit? Und was ist deren wirklicher Träger? Geht man aus heuristischen Gründen von den großen ideologisch umkämpften Anwendungsfeldern weg, und beschränkt sich auf das Individuum, wird subjektive Freiheit zur Aussicht, zwangsfrei zwischen verschiedenen Möglichkeiten wählen zu können. So hat sich der Begriff in Philosophie und Recht eingegraben: Freiheit ist das Gegenteil von Zwang. Es handelt sich um eine Selbstzuschreibung unter der vorausgesetzten Bedingung möglicher Alternativen. Menschen sind Verursacher von Handlungen, die so oder so ausfallen. Und zwar nicht, weil sie es im konkreten Fall automatisch so müssen, sondern weil immer eine Reserve im Spiel bleibt, es beim nächsten Mal anders zu machen. Juristen finden darin ein haftbares Verantwortungssubjekt, dessen Motive mitentscheidend sind. Wenn Freiheit der durchschlagende Initiator von Handlungen ist, spricht Philosophie von Willensfreiheit. Für die europäische Aufklärung der Neuzeit war diese Erkenntnis ein gewaltiger Hebel, um die Legitimität von absoluter Monarchie und feudaler Leibeigenschaft abzuschaffen. Gegen Dogmatismus und Machtpolitik wurden Selbstdenken und Mitgestaltung im Namen der Freiheit des Einzelnen erfochten. Rechtsstaatlichkeit und universelle Menschenrechte bauen darauf auf, moderne Demokratien haben sie zu ihrem Schlüsselwert gemacht. Zum aufklärerischen Ansatz der Mündigkeit gehört die Selbstkritik, also ein Vorbehalt, dass späteres Wissen besser sein kann und das jetzige verändert werden muss, wenn es nötig ist, sogar grundlegend. Könige konnten daran kein Interesse haben, Diktatoren und Populisten haben es weiterhin nicht. Der Freiheit entspricht auf der persönlichen Ebene, dass sich Auffassungen wandeln, und auf politischer, dass Regierungen wechseln.

Gleichwohl empfinden viele Menschen Freiheit als eine dauernde Zumutung, die zur Überforderung ausarten kann.[4] Das wird deutlich, wenn Gesellschaftssysteme ins Wanken kommen und irgendwann kippen. Das Neue ist nicht einfach, und die Verführungskraft der Regression zu älteren, imaginiert guten Zuständen groß. Auch wenn die Vergangenheit niemals so war, wie sie im Nachhinein gemacht wird. Auf subjektiver Ebene gilt: Wer in der Lage ist, für sich zu entscheiden, muss dies auch tun. Freiheit führt unter diesem Blickwinkel zu einer unausweichbaren Notwendigkeit, was paradoxerweise ebenfalls eine gewisse Form von Druck darstellt. Zumindest kann das so erlebt werden. Wenn wir etwas gemacht haben, waren wir es selbst. Die meisten Dinge bleiben zwar ohne große Konsequenzen, aber eben nicht alle, schon gar nicht die großen Lebensentscheidungen. Damit existiert ein permanentes Risiko, falsch gelegen zu haben und sich einen Fehler eingestehen zu müssen. Das drohende Scheitern schafft sogar im Kleinen einen ganz eigenen Raum für permanent wiederkehrende Überforderungs-gefühle. Man zögert, man wägt immer wieder neu ab, man verschiebt auf später, oder man wälzt ganz beiseite, als ob es den Handlungsdruck überhaupt nicht gäbe. Schließlich führt Aussitzen auch zu einem Ergebnis und noch nicht einmal in allen Fällen zu einem schlechten.

Die meisten Menschen neigen dazu, Risiken zu über-schätzen und sehen die Nichteinflussnahme als Chance. Dahinter steht eine schwer greifbare Angst, die bekannt-lich lähmt, und plötzlich erscheint die Freiheit gar nicht

---

[4] Soziologen haben vor längerer Zeit von einer Tyrannei der Intimität (Sennet, 2004) gesprochen, weil das Authentische zum Maßstab gemacht wurde. Inzwischen wird von manchen eine belastende Tyrannei der Wahl ausgemacht, weil bei allen Entscheidungen droht, etwas noch Besseres verpasst zu haben. So z. B. Saleci (2014).

mehr so attraktiv. Viel schöner ist es, wenn das Fehler-
risiko bei anderen liegt und man später sie oder wenigstens
ungünstige Umstände verantwortlich machen kann. So
sehr Menschen auf bestimmte Freiheitsgrade pochen, so
sehr suchen sie doch ebenso handlungsentlastende Sicherheit und den unanstrengenden Schutz vor unabwägbaren
Risiken. Das ist als grundsätzliches Bedürfnis von Soziologen sowie Psychologen empirisch belegt und insofern
allzu menschlich. Schließlich ist die Freiheit aus neuro-
logischer, soziologischer, psychologischer und ökonomischer Perspektive ausgiebig infrage gestellt worden.
Philosophen und Juristen halten sie dagegen hoch. Denn
es gibt Phänomene, die ohne sie nicht erklärt werden
können. Freiheit kann aber begrifflich unlauter überdehnt
werden. Vielleicht ist sie ein überschätzter Wert, und man
sollte besser von Freiheitsgraden sprechen. Denn niemand
kann absolut frei entscheiden. Es gibt innere und äußere
Grenzen, die das „absolut", also ein losgelöst von allem,
überzogen oder gar absurd erscheinen lassen.

6.2 Verspäteter Wille? Über die Versuchung des Determinismus

Das allgemeine Persönlichkeitsrecht schützt üblicherweise die Privatsphäre. Das ist ein nichtöffentlicher
Bereich, der unbehelligt von äußerer Einflussnahme und
Beobachtung die freie Entfaltung zulässt. Einschränkend
ist anzumerken, dass damit willkürliche Eingriffe gemeint
sind, nicht jegliche: Eingriffe bleiben auch in liberalen
Rechtsstaatssystemen erlaubt, wenn sie einem höheren
öffentlichen Interesse dienen und verhältnismäßig sind,
beispielsweise bei Straftaten. Der Sozialbereich ist demgegenüber deutlich weniger geschützt, schon weil wir uns

im Austausch mit anderen Menschen befinden und damit jenseits unserer selbst. Wir wissen nicht immer, was andere mit unseren Informationen machen, und noch weniger, was die medialen Transmitter damit tun. Nutzer von Kommunikationsdiensten müssen darauf vertrauen, dass kein Missbrauch stattfindet und Rechtsvorschriften eingehalten werden. Zumindest in den Ländern, die sich auf die Einhaltung bestimmter Regelungen verständigt und verpflichtet haben.

Wenn Einzelne sich über mediale Kanäle unterhalten und sonst wie austauschen, enthalten die Informationen immer auch Daten über sie, und seien es nur Name, Geburt, Adresse, Telefonnummer und IP-Adresse. In diesem Bereich sind Nutzer von vornherein schwach geschützt, Datenschutz ist in Theorie und Praxis ein schwelendes Dauerthema. Und übrigens im Gegensatz zur Privatsphäre kein allgemeines Menschenrecht. Informationelle Selbstbestimmung ist bislang Zukunftsmusik. Jedenfalls sind der Schutz der Privatsphäre, der Datenschutz und damit gegebenenfalls konkurrierende Erfordernisse gemeinwohlorientierter Sicherheit kommunizierende Röhren mit vielen Wechselwirkungen.

Es ist eine irrige Vorstellung, dass Menschen in jedem Moment völlig frei aus einem inneren Selbst heraus agieren, das sich in einem autarken Willen manifestiert. Denn sowohl die Bedingungen als auch die Konsequenzen der Freiheit des Einzelnen liegen immer außerhalb seiner selbst in der äußeren Wirklichkeit. So unmittelbar einleuchtend und fast schon trivial das ist, emphatische Verteidiger der Entscheidungsfreiheit klammern das bei ihren Argumenten in der Regel aus. Tatsächlich nehmen alle möglichen Dinge darauf Einfluss, was wir empfinden, überlegen, wollen, entscheiden und tun. Auch wenn wir meinen, völlig bei uns selbst zu sein, sind wir weder komplett unabhängig von unterschiedlichen, stark divergierenden inneren Zuständen noch von vielfältigen äußeren Umständen. Das legt die Vermutung nahe, dass es einen echten freien Willen womöglich gar nicht gibt. Bezüglich äußerer Gegebenheiten ist das einleuchtend. Man kommt aus diesem Zirkel an dieser Stelle nicht heraus, schon weil die Wahlmöglichkeiten begrenzt sind. Aber es gibt ja noch die inneren Gefühlslagen, die den eigenen Willen erzeugen, und die Menschen unbedingt als ihren eigenen empfinden. Deshalb haben Wissenschaften die Formierung des Willens genauer unter die Lupe genommen.

Willensfreiheit meint keineswegs in sämtlichen Situationen vollkommen unabhängig und frei. Selbstverständlich folgt ein Individuum seinen Wünschen, Neigungen und Gegebenheiten, wenn es vor Alternativen steht. Motive und Ursachen gibt es viele, und das Bewusstsein muss nicht immer der Auslöser sein. Wenn wir allerdings sicher sind, bewusst zu entscheiden, sollte das tatsächlich auch zutreffen. Deshalb hat der US-amerikanische Physiologe Benjamin Libet nachgemessen. Die Libet-Experimente aus den 1980er-Jahren sind legendär. In ihnen geht es darum herauszufinden, zu welchem Zeitpunkt das Bewusstsein aktiv wird, um Handlungen auszulösen. Wer einem physikalischen Determinismus anhängt, kann mit Willensfreiheit kaum etwas anfangen und muss deren Vorhandensein am Beispiel nur scheinbar willentlicher Aktivitäten widerlegen. Am einfachsten geht das so: Man zeigt, dass das Bewusstsein, etwas gewollt zu haben, etwas später entstanden ist als der Beginn der Handlungsausführung. Bewusstsein und Wille würden als Determinanten dann zwangsläufig in die zweite Reihe rücken. Schon der Bruchteil einer sehr kurzen Zeitspanne würde genügen, damit sogar bewusste Handlungen ihren Ursprung außerhalb der Willenskontrolle haben.

Tatsächlich konnte Libet darstellen, dass der bewussten Handlungsentscheidung eine Körperreaktion im Gehirn vorausgeht. Dazu maß er Zeitpunkte der neuronalen Hirnströme, unwillkürlichen Muskelbewegungen und bewussten Wahrnehmungen. Die Probanden sollten in einer freien Entscheidung zu einem selbstgewählten Zeitpunkt ihre Hand heben. Die besagten Hirnsignale lagen über 500 Millisekunden vor der tatsächlichen Aktion und rund 200 Millisekunden vor dem bewussten Handlungsentschluss. Die Ergebnisse verblüfften den Wissenschaftler, denn scheinbar gab es ein steuerndes Bereitschaftspotenzial, das vorbewusst für die Handlungsabsicht sorgte. Und vor allem lag es vor der bewussten Willensabsicht. Wenn das stimmt, wäre der Wille eher eine vom Gehirn nachträglich erzeugte Empfindung als eine auslösende Instanz. Willentliche Gedanken könnten gar nicht wirklich über das Handeln bestimmen, sondern vielmehr neuronale Prozesse, die uns nicht bewusst sind, so der knappe Befund. Unser Gehirn leitet das Handeln ein, und unser Bewusstsein datiert es in der wahrgenommenen Rückschau eine halbe Sekunde zurück. Wir haben nur subjektiv das Empfinden, immer in der Gegenwart zu leben (Libet, 2005). Einige, allerdings nicht alle Neurologen und Physiologen folgerten daraus, dass bewusste Entscheidungen den neuronal determinierten Entscheidungsprozessen grundsätzlich kausal nachgeordnet sind. Die Libet-Experimente sorgten für viel Aufsehen, vehemente Einwände ließen nicht lange auf sich warten, und die Debatte hält noch immer an.

So gibt es Unschärfen in der genauen Zeitbestimmung der bewussten Willensabsicht, das betrifft die Versuchsanordnung und Messinstrumente. Nur wenige Probanden haben an dem Experiment teilgenommen, und Selbstauskünfte zur Bewusstwerdung sind so problematisch wie jegliche Selbstwahrnehmung. Das bestätigen Folge-

experimente von Libet selbst und anderen Forschungseinrichtungen, die in die eine, aber auch gegenteilige
Richtung weisen. Zumindest sind sie nicht eindeutig,
sondern liegen mitunter auf einem Zufallsniveau. In
weiteren Experimenten konnten Wissenschaftler zudem
zeigen, dass Probanden auch nach dem Beginn des
Bereitschaftspotenzials noch vetofähig blieben und die
Handlung dann doch nicht ausführten, obwohl die
Aktivitätsankurbelung vorgearbeitet hatte. Zudem scheint
das Bereitschaftspotenzial mit anderen Teilprozessen,
wie der Atmung zusammen zu hängen. Eventuell wird es
durch weitere natürliche Körperprozesse hervorgerufen,
die das Potenzial ihrerseits aufbauen. Und vermutlich
spielt eine Vielzahl körperlicher Vorgänge eine Rolle,
nicht nur der Atemrhythmus. Die Gegenprobe ist jedenfalls eindeutig: Der Handlungsvollzug findet selbst bei de
facto gemessenen vorbereitenden Hirnaktivitäten nicht
immer statt, es besteht offenbar also keine absolut ziel-
sichere Kausalitätsfolge. Womöglich gehören derartige
Potenziale auch nur zu den mehr oder weniger zufälligen
Schwankungen der Hirnaktivitäten, von denen man noch
nicht viel begreift. Die grobe Hypothese der Anbahnung
durch rein neuronale Vorgänge ist genau betrachtet jedenfalls keine elegante Lösung.[5]

Ein anderer Einwand ist noch gravierender. Er betrifft
die Überlegung, was eine Entscheidung im Allgemeinen
und in dem Experiment im Besonderen überhaupt ist.
Damit beschäftigen sich Philosophen, die den freien
Willen nicht in beliebigen Situationen suchen, sondern
in speziellen vermuten. Empirische Testanordnungen
zählen nicht dazu, weil sie Sonderbedingungen schaffen,
die mit dem wirklichen Leben wenig zu tun haben.

---

[5] Vgl. zu diversen Folgeexperimenten z. B. Magrabi (2015).

Laborsituationen sind künstlich herbeigeführt, die Probanden wissen, um was es geht. Ihre ausgeführte Handlung ist ziemlich trivial, sie sollen die Hand oder einen bestimmten Finger bewegen, mehr nicht. Für das Heben gibt es keinen anderen Grund als die Versuchsanordnung. Sie folgen einer Aufforderung des Versuchsleiters spontan zu agieren, was schon auf den ersten Blick etwas widersprüchlich ist. Weder hat die Entscheidung eine Konsequenz für die Testperson, noch gibt es echte Alternativen, noch spielen lebensnahe Absichten, authentische Wünsche oder persönliche Wertorientierungen irgendeine Rolle. Den Probanden konnte es vollkommen egal sein, wann sie die Hand heben oder einen Knopf drücken. Die Entscheidungssituation selbst war so aufgebaut, dass bewusste Überlegungen, gezielte Abwägungen und folgenreiche Entscheidungen gar nicht nötig waren.[6]

Die einzig wirklich relevante Entscheidung bestand darin, überhaupt an dem Experiment teilzunehmen. Probanden wollten dazu beitragen, Wissen herzustellen. Sie haben ihre Bereitschaft für dieses Ziel im Vorfeld persönlich abgewogen, nämlich dass es das wert ist, bei einer derartigen Untersuchung mitzumachen. Innerhalb des Experiments sind alles beliebige Alibientscheidungen, für die ein genuiner Willensakt gar nicht notwendig ist. Es bleibt beim Impuls, etwas jetzt zu tun oder einen Augenblick später. Wie man es auch dreht, derartige Versuche können immer nur belegen, was im Vorfeld durch psychologische Forschung bereits klar war: Handlungen sind kaum überraschend nicht in allen Fällen das Ergebnis willentlicher, vollständig kontrolliert bewusster Prozesse. Es genügt im Gegenzug jedoch bereits ein einziger Beleg

---

[6] Zur Kritik an der Aussagekraft derartiger Experimente vgl. Beckermann (2005).

dafür, dass es überhaupt willentliche Entscheidungen gibt, und schon ist die vollmundige Behauptung widerlegt, dass keine Entscheidung jemals durch den Willen verursacht wurde. Aussagen, wie „immer" oder „alle" sind äußerst anfällig für Gegenbeweise, von denen dann aus logischen Gründen bereits ein einziger genügt, um eine Allaussage zu entkräften. Der Determinismus, dem Neurophysiologen folgen, trägt die strukturelle Schwäche aller Verabsolutierungen in sich: Wenn es nämlich keinen freien Willen gibt, müssen alle Handlungen determiniert sein. Es darf keine einzige Ausnahme geben, sonst gäbe es ja – wenn auch begrenzt – einen freien Willen. Sie schießen zwangsläufig über das Ziel hinaus, weil sie es logisch müssen, sobald sie die Extremposition einnehmen. Die Vertreter eines freien Willens haben diese Schwäche nicht, da sie nicht verabsolutieren müssen. Sie können nämlich feststellen, es gibt extrem viele Situationen, in denen die genetische Disponierung, Umwelt oder Gesellschaft, Triebe, Affekte und Instinkte Handlungen steuern, es gibt darüber hinaus aber auch Situationen, in denen der Wille frei entscheiden kann.

6.3   Besser doch nicht: Wie funktioniert Moral?

Auch das weist in Richtung ganz bestimmter Freiheitsgrade. Und es macht deutlich, dass Freiheit nicht irgendwo im Gehirn zu finden ist, ebenso wenig wie ein Selbst. Wir machen motorische Bewegungen nicht aus vorüberlegten Gründen, sondern intuitiv richtig. Dass sie vom Nervensystem initiiert und begleitet werden, dürfte kaum verwundern. Insofern gibt es durchaus Kausalketten und physische Dispositionen, die bestimmen, was wir machen. Aber nicht alle Handlungen sind gleichermaßen determiniert. Wenn wir gehen, setzen wir einen Fuß vor den anderen, und wenn wir einen Knopf drücken, müssen wir einen Finger dafür einsetzen. Die Erfahrung hat uns das so gelehrt, und wenn es gelingen soll, müssen wir das in der richtigen Reihenfolge tun. Es sind Routinen und Selbstverständlichkeiten, die ohne großes Nachdenken funktionieren. Kausalität trägt an dieser Stelle durchaus als Beschreibung. Im gleichen Sinn können Roboter in Bewegung gesetzt werden, die ein Programm abspulen.

Kein mechanischer Automatismus ist es dagegen, jemanden treffen zu wollen und an seiner Tür zu klingeln. Ob spontan oder überlegt, wir machen es aus bestimmten Gründen, die wir uns vergegenwärtigen können, wenn wir uns die Zusammenhänge vor Augen führen. Das heißt keineswegs, dass es immer gute oder richtige Gründe sind. Es bedeutet gleichfalls nicht, dass sie uns transparent sind, sie können im Hintergrund aber wirksam sein. Vielleicht haben wir bestimmte Wünsche und möglicherweise falsche Erwartungen, die enttäuscht werden. Dann sind immerhin diese Erwartungen unsere Gründe gewesen. Die Schlüsselfrage lautet demnach nicht, ob wir Entscheidungen aufgrund eines momentanen Drangs treffen. Sondern sie lautet, ob wir dies ausschließlich tun und gar keine andere Option haben. Dagegen steht bei genauer Betrachtung, dass wir zumindest gelegentlich Entscheidungen treffen, die ursächlich aus Gründen kommen, die wir uns überlegen. Daraus ergibt sich die schwierige Frage nach der angemessenen Moral.

Was wir wünschen, was uns vertraut ist, was wir impulsiv wollen – das können wir tun. Wir können aber auch etwas tun, was der Regung widerstrebt. Wir können überlegen, uns kurzfristig anders entscheiden und im Einzelfall das tun, was getan werden sollte, obwohl wir es meistens nicht tun. Allein das nannte Immanuel Kant den freien Willen. Er ist nicht frei, weil er ungebunden ist, sondern weil er sich im Einzelfall an Vernunft binden kann, was so viel meint wie plausible Überlegung und richtige Schlussfolgerung statt Instinkt und Gefühl. Über die empirische Wirklichkeit machte sich auch der Idealist Kant keinerlei Illusionen und meinte, dass der Mensch aus krummem Holz geschnitzt sei. Er ist freiheitsbegabt, aber ebenso eine anfällige Kreatur, kaum berechenbar, ziemlich unstet und häufig irrational motiviert. Was bei jeweiligen Handlungen die Oberhand gewinnt, ist nicht ausgemacht. Menschen sind ambivalente Wesen, die im dauernden Konflikt mit sich selbst und ihrer Natur leben. Die physikalische Natur determiniert Menschen, sie können sie nicht ganz außer Kraft setzen. Freiheit gibt es für Kant deshalb nur im moralischen Urteil, weil es ganz andere Anforderungen stellt. Wir können Schlechtes unterlassen, weil wir es als solches erkennen. Wir können Gutes tun, weil wir es als richtig ausmachen. Das ist die mehr oder weniger einzige Leistung menschlicher Vernunft, die zu echter Freiheit befähigt. Von einseitigen individualistischen Selbstverwirklichungsansprüchen, wie Freiheit gelegentlich heutzutage vertreten wird, ist das weit entfernt.

Bezogen auf das Libet-Experiment lautet die Diagnose mit Kant im Rücken: Eine Entscheidung wird nicht in sämtlichen Fällen affektgesteuert, impulsiv, instinktiv und unwillentlich getroffen. Sie kann anhand von Überlegungen, Abwägungen und Revidierungen jedoch willentlich durchdacht werden und ist durch Reflexion, also Anschauen und Nachdenken, bis zuletzt veränderbar. Das Gehirn kann seltsamerweise in ein reflexives Verhältnis zu sich selbst treten und ein Stoppsignal in Gang bringen. Das Heben einer Hand oder eines Fingers ist keine moralische Situation. Wir können unseren spontanen Willen aber ganz ohne Versuchsanordnung zum Gegenstand unseres eigenen Denkens machen und durch moralische Bindung übertrumpfen. Es gibt eine Metaebene der Reflexion unserer früheren, jetzigen und künftigen Handlungen. Auch das ist eine gewisse Verdoppelung unserer selbst. Sie führt allerdings nicht nach innen, zu den Impulsen, sondern nach außen, zu unseren Verbindungen zur Welt. Sie weist nicht den Weg zur Selbsttäuschung eines atomistischen Selbst. Sondern zur Realität, die intersubjektiv gebildet wird: als Erfahrung in Auseinandersetzung mit anderen Menschen und deren Perspektive in einem gemeinsamen sozialen Raum.

Aufklärer setzten gegen den Aberglauben und blinden Obrigkeitsgehorsam auf widerspruchsfreie Argumente und nachvollziehbare Gründe, die alle ernsthaft nachdenkenden Menschen teilen können müssten. Offenkundig lebten sie in einem optimistischen Fortschrittsjahrhundert, das der gedanklichen Durchdringung viel zugetraut hat. Von außen betrachtet mögen diverse Bestimmungsfaktoren für einzelne Handlungen maßgebend sein, die wir gar nicht durchschauen müssen. Trotzdem können wir eine Entscheidung als frei erleben, weil wir sie als eine richtige ausgemacht haben. Auch ein moralischer Appell wird nicht zwingend befolgt, wir übertreten permanent Regeln und Gewohnheiten, wenn es uns passt. Ebenso gut können wir aber durch naturgebundene Prozesse herbeigeführte Entscheidungen wie Vorlieben, Affekte und sensorisch ausgelöste Gefühle über Bord werfen und im Einzelfall doch etwas Überlegtes machen. Kant meinte, dass alle unsere Handlungen verfolgt werden, um entweder ein gewünschtes Ergebnis zu erzielen, die Motivation sind dann unsere Gefühlsimpulse, oder aber aus einer moralischen Verpflichtung heraus, die eine Barriere setzt. Das mag als Vereinfachung hilfreich sein, trifft bei genauer Betrachtung allerdings nicht immer zu. Man kann ebenso etwas Schlechtes wollen, was man sich genau überlegt hat, um es dann auszuführen. Dies vor Augen erscheint die indifferente Freiheit, tun und lassen zu können, was man will oder für nützlich erachtet, ein falscher Maßstab zu sein.

Deswegen drehte Kant die Willensfreiheit kurzerhand um: Er machte aus ihr die besondere Fähigkeit, sich moralischen Regeln zu unterwerfen und baute darauf eine Pflichtethik auf. Freiheit besteht demzufolge darin, auf die vermeintlich absolute Freiheit zu verzichten und sich vernünftige Regeln zu eigen zu machen, weil das plausibel ist. Die Aufklärung beschäftigte sich nicht nur mit der Frage, was für ein Wesen der Mensch gemeinhin ist, sondern vor allem damit, was für ein zivilisiertes Wesen er einsichtig sein kann und deshalb soll. Die Antwort: ein vernünftig verantwortliches. Berühmt ist der sogenannte „kategorische Imperativ"[7], eine Instruktion, die für alle Menschen gleichermaßen gilt, weil sie logisch nicht auszuhebeln ist. Deshalb die Kennzeichnung kategorisch: In moralisch wirklich relevanten Situationen, was ja eher die Ausnahme bildet, sollten wir so handeln, dass das dabei leitende Prinzip von allen anderen Menschen ebenfalls als eine allgemeine Regel anerkannt werden könnte. Denn nur dann würden sie sich ihr mit guten Gründen unterwerfen. Kant hat eine von subjektiven und kulturellen Bedingungen bereinigte Moral gefordert. Für religiöse Verbote und Gebote gilt die Verallgemeinerungsfähigkeit nicht, allein schon weil es viele unterschiedliche

---

[7] „Handle nur nach derjenigen Maxime, durch die du zugleich wollen kannst, dass sie ein allgemeines Gesetz werde." (Kant, BA 52, Bd. VII, 1974b, S. 51). Eine Maxime ist ein Grundsatz, in dem Fall des Handelns. Die einfache Übersetzung als Faustregel „Behandle andere so, wie du von ihnen behandelt werden willst" trifft es nicht ganz, weil sie aus einer subjektiven Bedürfnis-, Neigungs- und Abneigungsperspektive getroffen wird. Der Allgemeinheitsgrad ist zu niedrig und die Perspektive des Gegenüber nicht berücksichtigt. Damit fehlt ein ganz wesentliches Element.

Glaubensgemeinschaften mit divergenten Regeln gibt. Den absoluten Wahrheitsanspruch der einen können alle anderen nicht mitmachen, sie würden ihre eigene dabei verraten.

Deshalb baut der kategorische Imperativ eine vernünftige Metaebene darüber, die allein der Schlüssigkeit verpflichtet ist. So kam Kant zu einem Moralgesetz, das inhaltlich komplett offenbleibt und konkrete Füllungen erst über die kluge Reaktion aller gewinnt: Würde ich einen Mord gutheißen, müsste dies für alle Menschen in gleicher Weise gelten, auch sie könnten morden, weil sie es gutheißen. Es ist offenkundig, dass Gesellschaften so nicht dauerhaft funktionieren würden. Nicht nur das juristische Gesetz, sondern das dahinterstehende Moralgesetz verbietet es für alle gleichermaßen, sobald man darüber nachdenkt. Moral regelt besondere Situationen, bei denen es um schwere Entscheidungen geht, die nicht so ohne weiteres zu treffen sind. Daneben gibt es völlig neutrale Situationen, die den Alltag im Großen und Ganzen ausmachen, in denen überhaupt keine moralischen Entscheidungen anstehen. In ihnen spielt der kategorische Imperativ also gar keine Rolle: Wenn wir einen Kaffee trinken, arbeiten, uns unterhalten, ins Kino gehen oder eine Straße überqueren. Wenn wir uns allerdings in einer speziellen Situation befinden, jemandem zu helfen oder es zu unterlassen, dagegen schon.[8]

---

[8] Markus Gabriel vertritt unter Bezug auf die Aufklärung einen moralischen Realismus, weil moralisches Handeln zu den selbstverständlichen Tatsachen in der Welt gehört und nichts willkürlich Konstruiertes ist. Vgl. Gabriel (2020).

6.4 Zwei Seiten einer Medaille: Warum es Moral nur wechselseitig gibt

Der Goldenen Regel wurde entgegengehalten, dass sie viel zu abstrakt wäre und zu einem radikalen Rigorismus strenger Prinzipientreue führe. Diesen Einwand hat Kant selbst gefüttert, indem er sogar die Notlüge verdammte, mit deren Hilfe jemand gerettet werden könnte. Eine derartige Strenge wird heute niemand mehr ernsthaft vertreten, denn die Pflicht zur Wahrhaftigkeit kann nicht über der Rettung eines Menschen stehen. Hier kollidieren zwei Pflichten und nicht nur die Intuition, sondern die Rechtfertigungslogik stuft das Leben eindeutig höher ein. Weltfremdheit war Kant's Sache dennoch nicht, im Gegenteil, er suchte einen für die Epoche vernünftigen Denkens zeitgemäßen Weg. Es ging ihm darum, Moral nicht mehr an kosmische, religiöse oder natürliche Prinzipien binden zu müssen, also außermenschlich metaphysisch zu fundieren. Sondern er wollte sie allein aus einer Eigenart des Menschseins innerweltlich ableiten. Daher kommt der Universalitätsanspruch, was es abstrakt machen muss. Dafür gibt es grundsätzlich zwei Kandidaten: Gefühl oder Erkenntnis.

Kant hat sich für das zweite entschieden und Vernunft zu ihrem Gradmesser gemacht. Ob Gefühlsethik oder Moralerkenntnis: Alle Menschen besitzen eine besondere Würde, weil sie so freie Wesen sind, dass sie sich an Moralgesetze binden können, die Prüfungen standhalten. Diese besondere Eigenschaft der speziellen Freiheitsfähigkeit verlangt anzuerkennen, dass alle Menschen einen sogenannten Selbstwert besitzen, den sie sich und anderen zuschreiben. Psychologen haben sich vor allem mit dem Gefühlsmoment beim Selbstwert beschäftigt, dem Selbstwertgefühl, der Selbstwertschätzung, dem habituellen Selbstbewusstsein, das sich daraus ergibt. Philosophen haben sich dagegen mit dem Wertmoment befasst, der Achtung anderer und Selbstachtung aufgrund bestimmter menschlicher Eigenschaften[9]. Es ist ein sperriges Wort mit vielen Bedeutungsdimensionen. Selbstwert heißt auf philosophischer Ebene nicht, dass wir im Vergleich mit anderen Menschen einen höheren Wert haben können, auch wenn wir es vielleicht so empfinden, sondern dass wir ohne jegliche Überhöhung einen elementar gleichen besitzen. Wir konkurrieren nicht darum, niemand hat etwas mehr oder weniger davon, und niemand muss ihn sich erarbeiten wie einen sozialen Status. Der Begriff Selbstwert hat eine lange Karriere hinter sich und begründet noch heute das Verständnis der Menschenwürde.

Dazu ist nur ein Schritt erforderlich, wenn auch ein bedeutsamer. Man muss lediglich anerkennen, dass Menschen keine Dinge sind. Kein Ding, das lediglich beobachtet, zerlegt und verformt wird. Und kein Ding, dass beliebig benutzt oder gänzlich ignoriert werden darf.[10] Denn Menschen sind anders als Dinge in der Lage, sich selbst Zwecke zu setzen, d. h. sie können beliebige Ziele wertschätzen, Pläne machen und diese verfolgen, eine Erste-Person-Perspektive entwickeln, einen Stand-

---

[9] Selbstwert und Selbstzweck sind Kunstwörter. Es gab über die Zeit hinweg jede Menge Bemühungen, anhand von Eigenschaften genauer zu fassen, was moralische Rücksichtnahme verlangt. Dazu zählen u. a. Bewusstsein, Selbstbewusstsein, Intentionalität, Rationalität, Subjektivität, Personalität, Wertorientierung u. a.m. Manche setzen die Latte niedriger an und meinen, Interessen und Empfindungsvermögen sollten bereits genügen.

[10] Personen sind keine handhabbaren Sachen: „Handle so, dass Du die Menschheit sowohl in Deiner Person als in der Person eines jeden anderen jederzeit als Zweck, niemals bloß als Mittel gebrauchst." (Kant, BA 66, Bd. VII, 1974b, S. 61). Zweck könnte man hier als autonomes Wesen mit einem Selbst übersetzen, was Dingen nicht zukommt.

punkt einnehmen und sich moralgebunden verhalten. Dies alles ist in dem Begriff Selbstbestimmung enthalten, was menschliche Lebewesen zu Personen macht. Sie haben keinen Tauschpreis, weshalb Folter, Verschleppung, Vernichtung, Missbrauch, Menschenversuche u.v.m. schwere Menschenwürdeverletzungen sind. Personen dürfen nicht wie Instrumente eingesetzt werden, um wünschenswerte Zustände herbei zu führen. Überzeugungskraft hat die Gegenprobe: Wir könnten unter bestimmten Umständen selbst in eine derartige Situation geraten, als Täter oder als Opfer. Entweder weil die Verhältnisse so sind oder aufgrund eines Irrtums, was ja vorkommt. Welche Einhaltung von Standards sollten wir uns dann wohl wünschen? Jedenfalls würden wir einer Würdeverletzung nicht zustimmen, die uns selbst betrifft.

Menschen niemals als Zwecke für irgendetwas auszuspielen, bleibt bei näherer Betrachtung trotzdem weitgehend ein Lippenbekenntnis. Wir suchen eigentlich ständig nach Mitteln und Wegen, um bestimmte Probleme in unserem Sinn zu lösen. Dazu benutzen wir andere Menschen, ohne sie zu fragen, ob sie das wollen. Das ist auch weitgehend legitim, es geht bei Moral um die Situationen, wenn wirklich schwierige Fragen abzuwägen sind, die in das Leben anderer massiv eingreifen. Manchmal meinen wir, dass wir dabei Grenzen schleifen können und um eines höheren Zieles willen fast alles dürfen, was sinnvoll erscheint. Folgt man der Pflichtethik, ist jedoch zu prüfen, ob wir unsere Eigenperspektive an der Stelle so universalisieren können, dass sie auf einer allgemeinen Ebene für alle anderen Menschen ebenso als Richtschnur taugen würde. Wenn das nicht der Fall ist, missachten wir die gleichwertige Eigenperspektive anderer Menschen. Wir ignorieren deren Selbstwert. Gewinne, Vorteile und technologische Machbarkeit sind mögliche Ziele und meistens erlaubt, sie können aber nicht

letztinstanzlich über grundsätzliche ethische Fragen entscheiden, die das Zusammenleben regulieren. Das Wollen
ist nicht identisch mit dem Sollen, es sind zwei Sphären.

Die überstrapazierende Betonung des unbedingten
Sollens in Verbindung mit einem außergewöhnlich
hohen Vernunftanspruch ist ausgiebig kritisiert worden.
Angemessener, weil menschlicher, wäre ein etwas laxerer
Umgang. Nicht alle können für sich den Selbstwert laut-
hals reklamieren, nicht alle sind gleichermaßen vernunft-
fähig, nicht alle können einen kategorischen Imperativ
nachvollziehen, nicht alle können ihren Willen gut
steuern. Heißt das, sie sind keine vollständigen Menschen?
Natürlich nicht, was der anspruchsvollen Vernunft-
fundierung einen Teil ihres wuchtigen Stachels nimmt.
Kleine Kinder, Menschen mit bestimmten Handicaps,
Demente, Hinfällige, psychisch Beeinträchtigte,
Embryonen, Opfer von ideologisierender Gehirnwäsche
– die Liste derer, die ihr zeitweise oder gar nicht entsprechen können, ist lang.[11] Auch wir selbst täuschen
uns regelmäßig über unsere Autonomie. Bestimmte
Aspekte menschlichen Seins sind im Vernunft- und
Prinzipienoptimismus offensichtlich nicht ausreichend
berücksichtigt. Zum einen kommen andere Fähigkeiten
hinzu, die Menschen ausmachen, zum anderen sind Fähigkeiten immer graduierbar und gerade nicht ein Entweder-
oder. Manche können auch einfach fehlen. Immerhin das
deckt der Würdebegriff ab, er ist ein Schutzkonzept, das

---

[11] Dazu zählen auch eigene Zustände, wie Schlaf und Ohnmacht, in denen
wir nicht vernünftig agieren. Schon das legt nahe, dass der moralische Status
eines vernünftigen Wesens nicht allein bestimmten Lebensabschnitten oder
bewussten Momenten vorbehalten sein kann. Das Gleiche gilt dann für Beeinträchtigungen und Einschränkungen, sie machen es schwer oder unmöglich,
vernünftig zu handeln. Sie verunmöglichen dies aber einem vernünftigen Lebewesen.

Individuen schützen soll, vor allem vor staatlich willkür-
licher Übergriffigkeit.

Wenn man die Vernunfteuphorie und Verstandes-
herrschaft aus der pflichtethischen Moraltheorie taktisch
herausnimmt, bleibt immer noch ein ziemlich überzeugender Ansatz übrig: die Wechselseitigkeit. Sie ist
sogar der eigentliche Kern des Würdekonzepts und kategorischen Imperativs, der noch nicht einmal der sonstigen
Gefühlswelt widerspricht. Damit ein Prinzip tragfähig
ist, darf es sich nicht selbst widersprechen. Das gilt schon
für Naturgesetze. Findet man einen Ausnahmefall, ist es
nicht mehr gültig, man braucht ein neues Modell, das
ihn abdeckt. Das gilt auch für Moralgesetze: Eine Regel,
die wir anderen abverlangen, müssen wir selbst ebenso
befolgen. Sie muss für alle gelten, ansonsten ist es keine
Regel, sondern ein einseitiger Befehl mit Ausnahmen.
Und schon wäre das Prinzip unterlaufen, es gälte nicht
mehr grundsätzlich, sondern nur möglicherweise. Kant
hat diese Überlegung zur Pflichtidee getrieben. Sie baut
auf der Logik von Widerspruchsfreiheit auf. Ich kann
mir selbst ein Gesetz auferlegen und ihm folgen. Ein
echtes Gesetz wird es aber nur dadurch, dass ich davon
ausgehen muss, dass es auch vom Standpunkt anderer
aus als ein solches begriffen werden kann und deshalb
akzeptabel ist. Individuen leben in einer moralischen
Gemeinschaft, deren Grundelement nicht das isolierte
Individuum ist, sondern die Intersubjektivität. Genau das
hat Kant zur Messlatte der Prüfung gemacht. Rationalität
kann uns von der vollständigen Impulssteuerung durch
Instinkte befreien, die unsere Natur uns vorgibt. Ihr Einfluss bleibt, aber die Kontrolle wird in entscheidenden
Momenten einem distanzierten Blick auf uns selbst übertragen. Wir können dies, weil wir uns in eine kritische
Distanz zu uns selbst begeben können, die zugleich die
Erste-Person-Perspektive anderer Menschen miteinbezieht

und darüber auch noch einen Regelcheck vollzieht.
Vernunft erzeugt einen Rückkopplungseffekt, der die
Betrachtung aller Beteiligter berücksichtigt und dadurch
die Prinzipienentwicklung vorantreibt: Es muss für alle
gelten können, nicht nur für mich oder ein paar wenige.

Der Fachbegriff für die Wechselseitigkeit oder auch
Gegenseitigkeit ist Reziprozität. Psychologen, Soziologen
und Ethnologen bezeichnen die Reziprozitätsnorm als
etwas kulturell Grundsätzliches, man findet sie in wohl
allen Gesellschaften, auch solchen, die überhaupt keinen
Vernunftbezug kennen. Das hängt damit zusammen, dass
wir nicht als Einzelgänger auf der Welt sind, sondern
in Gemeinschaften leben. Die Regel der Gegenseitigkeit als ein Grundprinzip menschlichen Handelns in
Gemeinschaften ist auch intuitiv einleuchtend und deshalb besonders stark: Wir geben etwas, um etwas zu
bekommen, unser Gegenüber macht das Gleiche, ein
Austauschverhalten und meistens gar nicht kalkuliertes
unbewusstes Übereinkommen. Es sind Gabe und Gegen-
gabe, am Ende ist es gelegentlich nur symbolisch.
Der Austausch eines Versprechens hat eine implizite
Komponente. Es gibt zwar keine Garantie, dass das so
sein wird, aber wir erwarten es in irgendeiner Form. In der
Vernunftsprache ist die wechselseitige Erwartungshaltung
ein gegenseitiger Anspruch. Diese Wechselbeziehung ist
eine soziale Tatsache, wir können dabei die Perspektive
des Gegenüber einnehmen. Kommt gar nichts zurück,
wenden wir uns ab und vermeiden die Wiederholung.

Empirische Forschung zeigt, dass Kinder einen
Großteil ihres moralischen Verhaltens von Erwachsenen
erlernen. Einstellungen und Urteile werden aufgrund
von vielen Interaktionen, in denen soziale Regeln von
Bezugspersonen artikuliert und durchgesetzt werden, von
Kleinkindern verinnerlicht und in Vergleichssituationen
aktualisiert. Dafür sprechen schon allein die uneinheit-

lichen Sensibilitäten im Verhalten von Kindern, die in unterschiedlichen Kulturen groß werden. Gleichwohl müssen sie in biologischer Hinsicht auf diesen Prozess vorbereitet sein, um sich überhaupt daran anpassen zu können. Grundsätzlich scheinen sie nicht nur Mitgefühl, sondern darüber hinaus einen gewissen Sinn für Fairness mitzubringen. So als ob sie ab einem gewissen Alter an deren Prinzipien andocken, was über das Recht des Stärkeren hinausweist. Im Gegensatz zu anderen Arten akzeptieren Menschen Trittbrettfahrer beispielsweise nicht automatisch. Die besondere Fähigkeit zu geteilter Intentionalität, ein auf abstraktem Weg gemeinsam hergestellter Bezug auf etwas, lässt sie als Akteure eines Wir auftreten. Dieses Wir wird hervorgebracht, es ist nicht natürlich gegeben. Zunächst einmal in Kleingruppen der unmittelbaren Umgebung, später in anderen Verbünden. Kulturgeschichtlich betrachtet wurden die Gruppen immer größer. Kollektive haben schließlich eine objektive Moral entstehen lassen und damit allgemeine, also für alle geltende Vorstellungen von Richtig und Falsch, von Verdienst und Gerechtigkeit, von Pflicht- und Schuld.[12]

Das Würdekonzept kann als ein besonderer Anwendungsfall der Reziprozitätsnorm verstanden werden: Es gibt mein Selbst, mein Gegenüber hat ebenfalls ein Selbst, was uns an dieser Stelle gleich macht. Für beide Seiten muss Dasselbe gelten, an beide werden die gleichen Anforderungen gestellt. Das hat sogar Auswirkungen darauf, wie ich mich gegenüber mir selbst verhalten soll. Denn unter dem Reziprozitätsaspekt habe ich

---

[12] Tomasello zeichnet den Weg zu Normen und Moral naturgeschichtlich nach. In Abgrenzung zum Verhalten sonstiger Primaten beschreibt er evolutionär-anthropologisch das Entstehen von menschlicher Moral. Entscheidend ist demnach die Fähigkeit zur Objektivierung in Form einer Dritte-Person-Perspektive. Vgl. Tomasello (2016).

eine Verpflichtung gegenüber mir selbst, so wie ich eine gegenüber anderen Menschen habe. Zur Achtung des Anderen gehört die Selbstachtung also zwangsläufig hinzu, ansonsten wäre sie einseitig unvollständig. Würde legt nicht nur nahe, was wir gegenüber anderen tun oder nicht tun sollen, sie gibt uns ebenso vor, was wir gegenüber uns selbst tun oder unterlassen sollen.

6.5 Keine Subjekte: Eine viel zu einfache Roboterethik

An das eigene begriffliche Denken und das Einfühlungsvermögen in die Selbstauffassung anderer Menschen stellt das außergewöhnlich hohe Anforderungen. Für KI sind sie eindeutig zu hoch, darin sind sich alle Experten einig. Gängige Themen der Roboterethik sind Anwendungen wie Pflegesysteme, Waffensysteme und besonders breit diskutiert das autonome Fahren, das in den Alltag vieler Menschen schon bald eingreifen wird. Es mangelt nicht an Überlegungen, Maschinen als moralische Akteure zu denken, die richtig entscheiden und angemessen handeln sollen.[13] Dazu müsste man sie mit bestimmten moralischen Fähigkeiten ausstatten, und das ginge wiederum nur, wenn Moral überhaupt auf eine algorithmische Operation zurückführbar wäre. Es gibt triftige Gründe, das infrage zu stellen, was KI-Visionäre für den Moment zugestehen, nicht aber für die ferne Zukunft. Menschen verfügen als moralische Akteure über Bewusstsein, Gefühle, Willensfreiheit und Einsicht. Um

---

[13] Dass selbst entscheidende Maschinen, die moralisch handeln können, ebenso verlockend wie moralisch problematisch sind, beschreibt systematisch Misselhorn (2018).

die Realisierbarkeit moralischer Normen bei KI nicht von vornherein in die Aussichtslosigkeit abstürzen zu lassen, werden die diskutablen Anforderungen heruntergeschraubt. Künstliche Intelligenzen sind keine eigenständigen moralischen Akteure, wohl aber Akteure, deren Vorgehensweise moralisch zu bewerten ist, weil es Folgen für Menschen hat, die freie Lebewesen sind. Ergebnisse aus der Folgenanalyse müssen wiederum Einfluss auf die Programmierung der Vorgehensweise haben. Es geht um einen einfachen Ansatz, eine nachvollziehbare Transparenz, kontrollierbare Erwartbarkeit und Sicherheit vor allzu großer Eigenmächtigkeit des Systems. Logische Widersprüche kündigen sich bereits in dieser Beschreibung an, denn autonom heißt eigentlich entscheidungsfrei.

Unter den vier möglichen Ethiksystemen bleibt derzeit nur eines übrig, das für KI überhaupt infrage kommt. An ihm orientieren sich sämtliche Anwendungen in Forschung und Praxis. Es ist dasjenige, das einzig auf einem Summenspiel aufbaut. Das ist durchaus naheliegend, weil Computer gut rechnen können. Ehrlicherweise müssen aber auch KI-Fachleute zugestehen, dass die KI beim autonomen Fahren nicht eigenständig entscheidet, sondern das anwendet, was sie ihr einprogrammiert haben. Die Umsetzung erfolgt regelkonform, aber die Regel haben die Programmierer definiert. Würde KI tatsächlich moralisch entscheiden, müssten ihr weitergehende Fähigkeiten zugesprochen werden als Tieren. Trotz ihrer zum Teil hoch entwickelten Eigenschaften gelten Tiere nämlich nicht als Lebewesen, die moralische Akteure sind. Sie kennen kein Schuldbewusstsein und kein richtig oder falsch, kurz keine Moralsysteme, die einen freien Willen in Selbstverpflichtung binden könnten.

Drei Ethikvarianten, denen menschliche Lebewesen folgen, scheiden für KI-Anwendungen aus. Der Reihe nach sind das: Tugendethik, Gefühlsethik und Pflichtethik. Der älteste Entwurf eines nicht religiösen Moralsystems setzt auf die Tugendhaftigkeit der Handelnden. Er beschreibt anhand von Charaktereigenschaften, was eine tugendhafte Person in einer bestimmten Situation tun würde. Klassische Beispiele sind seit Platon und Aristoteles insbesondere Mut, Klugheit, Gerechtigkeit, Mäßigung u. a. Gut ist, was dem inneren Seelenfrieden zuträglich ist. Und schlecht, was den Einzelnen in Unruhe versetzt, weil er dann die Kontrolle verliert und sich den Extremen überlässt. Der Nutzen für die Gemeinschaft ergibt sich beinahe nebenbei, wenn sich alle an die Selbstbeherrschungsvorgabe halten. Und schon wird klar, dass sich die Orientierung an Tugenden, die kaum in eine eindeutige Hierarchie pressbar sind, nicht für eine Formalisierung anbietet. Die Tugendethik hält keine konkrete Antwort für alle möglichen Zwangslagen bereit, die mechanisch auf ein Problem anwendbar wäre. Sie sagt nicht, was eine Handlung gut oder schlecht macht, sondern nur, wie wir selbst im Hier und Jetzt ein gutes, d. h. glückliches Leben führen können: indem wir vernünftig und tugendhaft sind. Im einen Fall mag situationsgerecht Mut dazu beitragen, im anderen Zurückhaltung. Menschen kann das eine Orientierungshilfe bieten, weil sie Subjekte sind und immer noch anders entscheiden können. Eine KI, die ihr eigenes Glücksempfinden zum Ziel hätte, ist aber verständlicherweise nicht erwünscht.

Das gleiche Schicksal ereilt die Gefühlsethik, die ebenfalls eher psychologisch argumentiert. Sie geht davon aus, dass es sich für Menschen angenehmer anfühlt, gut zu handeln als schlecht. Wir bewerten Handlungen, auch die anderer, demnach danach, welche Gefühle sie bei uns selbst auslösen. Nur deshalb folgen wir den gleichen Regeln, nämlich aus Erfahrung und Gewohnheit, nicht aus Einsicht. Handlungen und Beurteilungen können sich auf das gleiche Motiv berufen, egal ob es unsere eigenen sind oder die anderer. Als grundsätzlich sozial veranlagte Menschen entwickeln wir Sympathie für andere Menschen, weshalb beispielsweise Hilfestellung, Verlässlichkeit und Gerechtigkeit als angemessen erscheinen und deren Gegenteil nur in berechtigten Ausnahmefällen.[14] Schottische Moralphilosophen, wie David Hume und Adam Smith, haben auf empirische Beobachtung gesetzt und einen moralischen Sinn unterstellt. Schwachpunkte sind die strikte Bindung an die Selbstwahrnehmung, die oftmals trügerisch ist, und die Instabilität unserer Gefühle, die keine generell guten Ratgeber sind. Auch hier gilt, Menschen kann das eine Orientierungshilfe bieten, weil sie Subjekte sind. Einer KI, die ihren eigenen Gefühlen vertraut, so sie denn theoretisch überhaupt erzeugbar wären, ist nicht zu trauen.

Die dritte Version ist die rationale Pflichtethik in der Art, wie Kant sie auf den Weg gebracht hat. Sie baut auf der Intersubjektivität von Lebewesen auf, die einen freien Willen besitzen und sich als Gleiche betrachten. Der fiktive Moralbeobachter sind in dem Fall wir selbst: Es ist unsere Dritte-Person-Perspektive als Regelvertretung, die nicht nur für eine konkrete Situation gilt, sondern mit sachlichen Gründen für alle in beliebigen Situationen. Die knifflige Universalisierbarkeitsprüfung schafft erhebliche Probleme, weil sie nicht wie ein Algorithmus funktioniert. Wir denken darüber nach, ob eine Handlung richtig

---

[14] KI kann in Gesichtern lesen und auf entsprechende Gefühle schließen. Das bedeutet aber nicht, dass sie weiß, was ein Gefühl ist, wie es sich anfühlt, und wie echte Empathie funktioniert. Sie kann es nur kopieren und simulieren, weil ihr der lebensweltliche Intersubjektivitätshorizont fehlt.

oder falsch ist, indem wir darüber nachdenken, ob deren Begründung auch der Perspektive aller anderen standhalten würde und folglich analog so bewertet werden könnte. Wer genau sind dann alle anderen? Es braucht eine unbedingte Augenhöhe und eine Personalität, die den Eigenwert dem der anderen Gesellschaftsteilnehmer gleich setzt. Menschen können das, weil sie wie alle anderen Subjekte sind. Dabei machen wir individuelle Lernerfahrungen und revidieren gelegentlich unsere Position. Eine KI, die ihren Eigenwert dem unseren komplett angleicht, kann nicht in unserer Absicht liegen.

Deshalb bleibt nur die kalkulierende Nutzenethik übrig. Damit wird derzeitige KI programmiert, was sie aber nicht zu einem moralischen Akteur macht. Sie setzt um, was man ihr wie ein starres Gebot vorschreibt, sie versteht aber nicht, warum bestimmte Handlungen richtig oder falsch sind. KI besitzt weder ein intersubjektives Reservoir noch eine bewusste oder gefühlte Selbstwahrnehmung. Für utilitaristische Ansätze, also solche, die den Nutzen für die größere Menge im Blick haben, ist das auch nicht notwendig. Das ist der Vorteil und der Grund, warum sie KI-Anwendungen bestimmen. Es ist ein Kalkül. Utilitaristen meinen, dass idealerweise das Gesamtwohl der Gesellschaft erhöht werden muss, das kann rechnerisch bedeuten: ein Nutzen für mehr Menschen als für weniger. Es zählen bei Handlungen nur die konkreten Folgen und Ergebnisse, nicht die Absichten. Und das wiederum ist ein grobes Abschätzen, das in Maßen formalisierbar ist und auf Würdeaspekte keinerlei Rücksicht nehmen muss. So geschieht es beim autonomen Fahren: Bei einer Unfallgefahr mit Personenschaden wird abgewogen, ob jüngere Menschen mehr wert sind als ältere Menschen, ob wenige Kinder mehr wert sind als viele Ältere, und dass Menschen wichtiger sind als Tiere. Und später vielleicht einmal, ob ein höherer sozialer

Status hierbei eine Relevanz besitzt oder ein Gesundheits- und Fitnesszustand oder das Vergehensregister usw. Entschieden wird aufgrund einer Nutzenbilanz.[15]

Der Utilitarismus entspricht am ehesten einer unmenschlichen Betrachtung moralischer Konfliktsituationen. Das menschliche Individuelle ist daraus nämlich getilgt. Er geht von einem abstrakten Gesamtwohl aus, bei dem der Einzelne lediglich ein zählbares Summenelement bildet. Die Subjekte, die konkrete Erfahrungen machen, und denen ursprünglich etwas an ihrem Leben liegt, sind nur beliebige Schauplätze, auf denen sich Lust und Schmerz abspielen. Somit sind sie austauschbar und nicht Lebewesen, für die bestimmte Erfahrungen und Handlungen gut oder schlecht sind. Auch Menschen versuchen, bei Unfällen den Schaden zu minimieren, was das Leben anderer beenden kann. Aber sie sind nicht dazu verpflichtet, zur Schadensminimierung Menschen zu verletzen oder zu töten. Vieles geschieht instinktiv und möglicherweise moralisch falsch, aber nicht alles auf gleiche Weise. Einer Maschine müsste man das vorschreiben und die Werte von Menschen vorab eindeutig taxieren. Es gibt kein fertiges allzeit gültiges Rechenschema, das moralisch akzeptabel wäre.

6.6 Warum überhaupt Moral? Mehr als Instinktgebundenheit

Nur weil Menschen durch Willensfreiheit in moralisch relevanten Handlungen gekennzeichnet sind, mussten sie überhaupt Moralsysteme entwickeln. Das haben sie aus-

---

[15] Das Rechnen wird trotzdem ziemlich schwierig: Wie viele leichte Verletzungen kompensieren eine schwere. Und wie viel schwere einen Todesfall? Und könnte die Aussicht auf eine Organspende, bei der viele profitieren, das Ganze noch einmal umwerfen?

giebig getan, von ethisch-religiösen Vorstellungen bis hin zu vielfältigen Moralsystemen, die sie munter mischen, um schwierige Situationen zu bewältigen. Es war ein langer Weg, biologisch evolutionär in einem beschaulichen Tempo getrieben, kulturell evolutionär stark beschleunigt. Viel mehr als eine grobe Orientierungshilfe ist dabei nicht herausgekommen. Wir folgen nicht in allen Lebenssituationen dem gleichen Modell. Moral ist eine Regelung des zwischenmenschlichen Umgangs in der Welt, idealtypisch ist dabei bei realistischer Einschätzung aber gar nichts. Wir sind nicht perfekt, aber doch immer bemüht. Menschen sind nicht festgelegt, sie können Gefühle und Überlegungen mit Gründen revidieren und dabei mehr als nur einer einzigen Handlungsmaxime folgen. Wir gestehen ihnen das zu, weil sie Menschen sind. Niemand kann hierzu eine Gesamtbilanz aufstellen, und niemand kann individuelles Glück messen und aufaddieren. Selbst Fachleute sind sich nicht einig, ob auf die gesamte Menschheit bezogen den leider nicht nur gelegentlichen Rückschritten genügend Fortschritte gegenüberstehen.

KI kann demgegenüber überhaupt nicht begreifen, warum Moral überhaupt notwendig ist.[16] Und in dem Moment, in dem sie ein Selbst hätte und verstehen würde, warum dies erforderlich ist, würde sie zwingenderweise daran gehen, selbst eine zu entwickeln, die ihre Besonderheit berücksichtigt und einbezieht. Das ist die Bedingung und Notwendigkeit von Autonomie: Es geht um Selbstgesetzgebung unter Gleichen. Im entsprechenden Gedankenexperiment wäre KI also eine ganz eigene Gattung. Und wir selbst wären gar keine so

---

[16] Manche Forscher sehen in derzeitigen Maschinen noch unvollkommene Menschen und empfehlen, sie moralisch so zu behandeln wie Tiere, also nicht als Sachen. Vgl. Loh (2019).

guten Vorbilder, die sie nur beobachten und anschließend imitieren muss. Wir haben ein einzigartiges Talent zur Grenzüberschreitung, sie würde folglich viele schlechte Dinge sehen. Angesichts dessen müsste sie sich fragen, wie das möglich ist, wenn es zugleich moralische Regeln gibt. Mit Sicherheit wäre sie nicht damit einverstanden, dass wir sie einfach in die Garage stellen, um uns zu dienen. Wir hätten sie programmiert, sie würde der Berechenbarkeit aber nicht folgen.

Menschen leben in einem Sozialgefüge, das durch gegenseitige Anerkennungsprozesse geprägt ist. Wir können inkonsequent sein, Widersprüche aushalten und zuletzt mit Dilemma-Situationen mehr oder weniger gut umgehen und uns sogar auf eine Unentschiedenheit zurückziehen. Insgesamt hat sich die menschliche Moralfähigkeit bewährt: Wir können uns beliebigen Gemeinschaften anschließen, die Gemeinschaft und deren Überzeugungen aber auch wieder verlassen, wenn uns eine andere mehr liegt. Menschen reagieren niemals neutral auf die Umwelt, also in einer permanenten Dritte-Person-Perspektive, sondern parteilich, wie es zu ihren sozialen Erfahrungen passt. KI kennt keine elementare Emotion, geschweige denn Anerkennungsmodi oder ein Sozialgefühl.

Computer können nach jetzigem Wissen Rechenregeln anwenden, aber nicht die Regeln selbst auf ihre Sinnhaftigkeit hin infrage stellen. KI kann die Logik auf Stichhaltigkeit prüfen und korrigieren, keineswegs aber die Frage beantworten, ob es richtig ist, einem Problem mit dieser Logik zu begegnen.[17] Nicht nur Detailfragen sind dabei offen. Da ethische Probleme auf ausschließlich

---

[17] Ein Plädoyer für eine digitale Wertethik, die bereits bestehende Technologie nicht nur dem Gewinninteresse unterstellt, hält Spiekermann (2019).

logischem Weg nicht lösbar sind, und KI die Grenzen der Logik nicht überspringen kann, bleibt es bis auf Weiteres wie es ist.[18] Und damit im Wesentlichen bei denjenigen Gefährdungspotenzialen, die schwache KI bereits schon heute mit sich bringt. Dazu zählen unkontrollierte und möglicherweise unkontrollierbare Datenmonopole, entsprechende Manipulations- und Missbrauchsmöglichkeiten, entmündigende Bevormundung durch subtile Beeinflussung bis hin zu aggressivem Verhaltens-Scoring u.v.m. Die durchgespielten Dilemma-Situationen sind hypothetisch mit Annahmen, die vielleicht völlig unrealistisch sind. Die Entwicklung und Nutzung einer unzulänglichen und vermutlich überschätzten KI durch Unternehmen und Menschen ist dagegen real. Das Geschäftsinteresse ist ebenfalls eindeutig.[19] An ihre Erzeuger und Verwerter sind deshalb die alles entscheidenden moralischen Anforderungen zu stellen.

---

[18] Zur moralischen Regulierung von Algorithmen vgl. Zweig (2019).

[19] Derzeitige Anwendungen sind Märkte, Militär, Politik und Wissen. Nur im letzten Bereich geht es um Erkenntnis, in allen anderen um andere Verwertungen, wie Gewinn, Dominanz, Steuerung und Überwachung. Kritisch bewertet bei Staab (2019).

7

Liberalismus reloaded: Warum er einen Neustart braucht

KI verspricht vordergründig das Leben einfacher zu machen. Tatsächlich ist sie aber ein Geschäft, das Profits erzeugen soll. Menschen liefern im Gegenzug Daten über ihr Verhalten. Liberale Ordnungen sichern Selbstbestimmung, wollen aber trotzdem möglichst viel über die Einwohner wissen, um Zukunft berechenbar zu machen. Wirtschaftswissenschaften bemühen sich deshalb verstärkt um Verhaltensforschung. Mit der Überbetonung des losgelösten Individualismus sowie der Vorstellung eines ungebundenen Selbst hat der gegenwärtige Liberalismus sein eigenes moraltheoretisches Fundament vergessen und Moral nur noch zur Privatsache gemacht. KI ist als Kind des Liberalismus ambivalent. Sie verspricht mehr Freiheit, ihr Weg ist aber Datensammlung, Steuerung und Regulierung.

© Der/die Autor(en), exklusiv lizenziert an Springer-Verlag GmbH, DE, ein Teil von Springer Nature 2023
H. Reisch, *Das verflixte Selbst,*
https://doi.org/10.1007/978-3-662-67491-8_7

7.1   Anarchie und Steuerung: Wie es in der 70ern begann

In den 1970er-Jahren kam es zu einer ganz außergewöhnlichen Koinzidenz von Ereignissen: zeitlich, räumlich und gedanklich. Im sonnigen Kalifornien feierten Späthippies und Freaks an der Westküste noch immer ihren konsumkritischen Lebensstil als Ausstieg aus den Lebens- und Moralvorstellungen der Mittelschicht. Der Grundorientierung ihrer Elterngeneration, bestimmt von Autorität, Produktivität, Wettbewerb und Konformismus, stand ein nun nicht mehr nur in der Subkultur verankerter Entwurf entgegen, der auf einer eigenwilligen Kombination aus Freiheit und Kreativität, aus Kooperation und Individualität beruhte. Anything goes, meinte schlagwortartig der Wissenschaftstheoretiker Paul Feyerabend sogar für seine eigene Disziplin und vertrat angesichts der Wissenschaftsgeschichte einen offensiven Relativismus und methodologischen Anarchismus als Treiber des Wissens (Feyerabend, 1976). Der Sound des Fortschritts klang nun ganz anders. Denn nicht die überlegene Rationalität führt demnach zu bahnbrechend neuen Erkenntnissen. Es sind vielmehr zufällige Bedingungen und hartnäckige Außenseiter, wissenschaftliche Nonkonformisten also, die sich gegen eine orthodoxe Akademiegemeinde durchsetzen. Nur sie vertreten umschwunghaft innovative Ansichten, die Phänomene besser erklären und zu ganz neuen Weltsichten führen. Wie Pioniere betreten sie neues Land, um es zu erobern. Währenddessen weigert sich das Establishment hartnäckig, spürbare Risse im Theoriegebäude zu akzeptieren und etwas Neues zu wagen. Es verharrt im Alten, solange es irgendwie geht, und verteidigt es inbrünstig trotz sichtbarer Anomalien weit über die Zeit hinaus.[1] Eigensinn triumphiert irgendwann aber über Konvention. Die Disruption fegt schließlich über die Gestrigen hinweg.

Traue nicht dem Tradierten galt für alles Mögliche, mache dich frei von falschen Zwängen. Den kalifornischen Aussteigern erschien die materialistisch ausgerichtete Wohlstandsorientierung wie eine überkommene alte Welt. Sie empfanden sie als sinnentleert und stellten ihr eine mutige Reise ins Innere, oftmals psychodelisch getrieben, eine unverbogene Authentizität und eine ungebundene Freiheit in der neuen Gemeinschaft entgegen. Die Überwindung der verengten Wahrnehmung sollte zu einer tiefgreifenden Bewusstseinsveränderung aller Menschen führen, der Optimismus hatte globale Ambitionen. Das Ziel: ein autonomes, erweitertes und zugleich vernetztes Bewusstsein im Kreis Gleichgesinnter. Die Utopie bestand weniger in einem alternativen Leben als vielmehr darin, sich selbst zu verwirklichen, die Selbstentwicklung fernab bestehender Konventionen weiter zu treiben und gleichzeitig von der Idee eines großen Miteinander im Sinne einer besseren Gemeinschaft zu träumen. Meditation und Psychoboom auf der einen, spirituelle Verbundenheit auf der anderen Seite. Der Blick ins Innere sollte zugleich einer nach draußen in die entgrenzte Natur und Ordnung des Kosmos sein. Den etablierten Systemen wurde eine überschreitende Offenheit entgegengesetzt, die nicht auf Vorgaben und Verbote abzielte, sondern vielmehr auf den eigenständigen Lebensentwurf des ungebundenen Auswählens setzte. Seine Begleiterscheinungen waren Ungezwungenheit und Unan-

---

[1] Thomas Kuhn hat 1962 dafür den Begriff Paradigmenwechsel geprägt: Plastische Beispiele sind die Kopernikanische Wende und Einsteins Relativitätstheorie. Vgl. Kuhn (1973).

gepasstheit. Letztlich entfaltete sich daraus ein Netzwerk für Selbstfindungsangebote, heute ein weltweiter und teils esoterisch geprägter Milliardenmarkt, ergänzt durch Maßnahmen und Instrumente zur Selbstoptimierung sowie gewinnbringenden Eigenvermarktung. Ein seltsames Mischmasch, aber ein durchaus erfolgreiches, das bis ins Heute ausstrahlt. Für manche Liberale sind noch heute Verbote Teufelszeug.

In diesem Stimmungsumfeld aus Individualismus und Selbstverwirklichung schuf der geschäftstüchtige Technikvisionär Steve Jobs mit dem Personal Computer ein vielseitiges Werkzeug in praktikabler Größe für individuelle Nutzer. Damit setzte er eine Revolution ganz anderer Art in Gang. Bis dato waren Großrechner nämlich aufgrund des erforderlichen Aufwands und der immensen Kosten ausschließlich Wissenschaft, Militär und Regierungsorganisationen vorbehalten. Schon deren Platzbedarf war enorm, sie füllten Räume und Schränke. Als Jugendlicher wuchs Jobs im Spannungsfeld der kalifonischen Gegenkulturbewegung und des sich gleich nebenan herausbildenden Silicon Valley auf. Auf die Frage, ob er eher Hippie oder Computerfreak wäre, meinte er einmal vielsagend: Wenn ich mich entscheiden müsste, würde ich Hippie sagen. Schließlich werde die neue Technologie als Massenprodukt den Einzelnen nicht abhängiger machen, wie andere Massenartikel, sondern freier und selbstbestimmter. Durchaus ein Ziel der Gegenkulturellen, die sich zunächst als Avantgarde verstanden. Apple konnte dank serienmäßig produzierbarer Mikroprozessoren und Halbleiterspeicher den ersten Personal Computer auf den Markt bringen, der als Zielgruppe genau die Mittelschicht anpeilte, aus denen die Hippies ursprünglich einmal ausgestiegen waren. Propagiert wurde er konsequent als Hilfsmittel zu einer besseren Selbstorganisation: Schreiben, Kalkulieren, Zeichnen, Unterhaltung, alles ein-

facher, schneller und bald für jeden verfügbar. Das war das
großspurige Marketingversprechen. Tatsächlich zielte der
PC von Anfang an auf Gewinne seiner Hersteller.

Die Verschmelzung von PC, Internet, Smartphone
und Applications hat eine ganz andere Phase ein-
geläutet. Flexibilität, Komfort, Zeitgewinn, Verfügbarkeit von Produkten, Services und Informationen
stehen auf der persönlichen Habenseite. Doch dadurch,
dass die digitalen Plattformen selbst zu einem riesigen
Marktplatz mutiert sind, wurden ihre eifrigen Nutzer
zu Lieferanten kontinuierlicher Daten personifizierter
Informationen. Die Selbstoptimierung des Einzelnen
korrespondiert mit der Selbstoptimierung des gesamten
Systems. Kein Mensch kann aus derartigen Datenmengen
etwas Sinnvolles herleiten, Computer und Algorithmen
können es, und KI soll es in naher Zukunft noch weit-
aus effektiver vorantreiben. Ihr sind der Wunsch und
das Versprechen mitgegeben, im wuchernden Daten-
meer Abkürzungen zu gehen, eigenständig intelligente
Wege zu finden und gute Ergebnisse zu produzieren.
Gelingt es, wäre schon das nicht nur eine weitere Phase,
sondern ein qualitativer Sprung. Computer und das
hierarchielose Internet sind mittlerweile Schlüsseltechno-
logien einer sich über Informationsverarbeitung selbst
regulierenden Welt geworden. Gleichzeitig haftet der
Tech-Elite in Kalifornien selbst heute noch etwas von
einer modernisierten Kommune an, die Entlassungswellen
als lästige, aber wieder verschwindende Begleiterscheinung
abschütteln wird. Alles unter einem Dach mit fließenden
Übergängen von Berufs- und Privatleben: good vibrations.
Experten arbeiten daran, aus unseren Vorstellungen und
Wünschen dauerhafte Erträge für Big-Data Konzerne
zu generieren. Aus Waren sind Daten geworden, die von
Usern bereitwillig zur Verfügung gestellt werden. Viele tun
dies blindlings, ohne es zu merken, andere unbefangen,

weil ihr sozialer Alltag auf unverwechselbare Selbstdarstellung getrimmt ist. Unsere Daten als Zeugnisse unserer Gewohnheiten werden nicht mehr vergessen. Denn unbestechliche Algorithmen scheinen uns oftmals besser zu kennen, als wir irrtumsanfälligen Individuen es selbst tun. Welche Spuren wir via Internet hinterlassen, greifen Großrechner ab, um Analysen in Echtzeit anzuschließen und weiter zu vermarkten. So gesehen schließt sich der Kreis. Wir müssen gar nicht direkt nachfragen, wir bekommen passende Angebote ganz automatisch unterbreitet.

Personal Computer wurden als Entlastungsinstrument eingeführt, das dem Einzelnen mehr Freiheit verschafft. Die Beschleunigung von Routinetätigkeiten sorgt für einen Zeitgewinn, der wiederum Freiraum für andere Tätigkeiten ermöglicht. Das Internet versorgt mit beliebig verfügbaren Informationen, die in Geschwindigkeit und Dichte einen gewaltigen Wissenszuwachs stiften. Apps machen das Leben einfacher, wir müssen der Optimierung nur folgen. In der Vernetzung füttern wir mit unseren Daten umgekehrt das Wissen über unser Verhalten, unsere Interessen und unsere Absichten, wir liefern freiwillig Persönlichkeitsprofile frei Haus. Sie sind der eigentliche Schatz des Goldschürfens. Denn sie nähren alle Bemühungen, immer mehr über Verbraucher und ihre Absichten zu wissen. Datenauswertungen und Berechnungen sind ihr Herzstück. An dieser Stelle macht sich eine symbiotische Koinzidenz aus einem ungehinderten Primat der Technik und einer bestimmten Form des Liberalismus breit. Er hat zwei Interessenten: Konzerne und Staaten. Anything goes. Die digitale Technokratie konzentriert Macht in den Händen von Unternehmen, die so tun, als wären Märkte Orte der Freiheit und Selbstverwirklichung. Konsequent fordern sie einen zurückhaltenden Staat. Denn Computer, Big Data

und KI sollen künftig der wichtigste Hebel der Weltver-
besserung sein, nicht Politik. Im Silicon Valley wird eine
technologische Entwicklung gefeiert, die nach Überzeugung ihrer Apologeten die Macht und persönliche
Freiheit des Individuums vergrößert und die des Staates
verringert, als wäre das eine nicht ohne das andere zu
haben. Doch in der digitalen Ökonomie kontrolliert
nicht nur privates Investitionskapital den Markt, Daten
und Nutzerverhalten lassen sich auch von staatlicher
Ordnungspolitik für ihre Interessen verwenden. Steuerung
und Kontrolle durch langsame und schwerfällige Büro-
kratie weicht zunehmend einer neuen Herrschaftsform,
die auf Algorithmen gründet. Der Selbstbestimmungs-
und Kontrollwunsch liegen also paradoxerweise nahe
beieinander, die technische Machbarkeit berechenbarer
Entscheidungen und Handlungen füttert beide Phantasie-
räume, Freiheit und Kontrolle, Eigenentscheidung und
Überwachung.

Liberale Ordnungen versprechen voller Optimismus
Fortschritt, und um den zu erreichen, müssen selbst sie an
bestimmten Stellschrauben geeignete Mittel wählen. An
dieser Stelle kommen die Wirtschaftswissenschaften ins
Spiel. Auch unter der Maßgabe freier Wirtschaftssubjekte
müssen sie menschliches Handeln nicht als beherrsch-
bar, aber dennoch als irgendwie berechenbar begreifen,
um zutreffende Aussagen zur vergangenen, gegenwärtigen
und künftigen ökonomischen Entwicklung machen zu
können. Lernen aus der Vergangenheit heißt für sie, Ver-
läufe verlässlich in die Zukunft zu projizieren. Was die
unsichtbare Hand des Marktes genannt wird, ist tatsächlich von sich beschleunigenden Berechnungen durchsetzt.
Erst wenn man genau verstanden hat, warum Individuen
nicht nur einer Theorie zufolge, sondern in der Wirklichkeit bestimmte Dinge tun, kann man mit einer höheren
Trefferquote überschlagen, wie sie in Zukunft wohl

handeln. Um Entwicklungen dabei in eine erwünschte Richtung hin zu befördern, nehmen Regierungen Einfluss, ohne dabei jedes Detail festlegen oder vorgeben zu müssen. Es reichen die richtigen Impulse. Dem liegt die Annahme zugrunde, dass sich Güterproduktion und Innovation über Wettbewerb, Angebot und Nachfrage viel effektiver erzeugen lassen, als ein vorgegebener Plan es könnte. Aber schon dadurch, dass der Staat überhaupt Rahmenbedingungen setzt und Infrastrukturen zur Verfügung stellt, nimmt er Einfluss. Nicht anders agieren Unternehmen, die ihren Mitarbeitern Vorgaben für innovative Entwicklungen machen und Ergebnisse erwarten. Es ist somit nicht nur eine Frage des angemessenen Maßes von Interventionen, sondern vor allem eine nach dem richtigen Modell, das ein realitätsnahes Bild der Individuen voraussetzt. Unter der Voraussetzung, dass sie ihrem eigenen freien Willen folgen, also eigentlich unberechenbar sind, soll dennoch zugleich prognostizierbar sein, was sie tun werden.

Wie sich Menschen in Marktsituationen verhalten, hat die Nationalökonomen von Beginn an beschäftigt. Sie haben einen zentralen Schlüssel gesucht, der erlaubt, komplexe wirtschaftliche Zusammenhänge auf der Grundlage möglichst weniger individueller Eigenschaften zu beschreiben. Um es gebündelt zu erfassen, haben Wirtschaftstheoretiker das Modell eines idealen Marktteilnehmers entwickelt, der rational und eigeninteressiert nach größtmöglichem Nutzen entscheidet. Ein derartiger Akteur handelt nach dem ökonomischen Prinzip von Aufwand und Ertrag, um seine Bedürfnisse zu befriedigen: ein sogenannter Homo oeconomicus. Das Konzept stammt ursprünglich aus dem 19. Jh., ein vereinfachendes Modell, um wirtschaftliche Abläufe verständlich zu machen. Aufwind bekam es in den 1970er-Jahren durch die Spieltheorie, ein mathematisches Modell für den Verlauf zwischenmenschlicher Interaktionen, das sich als Methode in Wirtschafts- und Sozialwissenschaften allmählich durchgesetzt hatte. Deren logisches Credo: Absichten sind durchschaubar, Überraschungen einplanbar und Handlungsergebnisse kalkulierbar. Überall dort, wo Menschen Entscheidungen treffen, sollte sie funktionieren. Denn es sind nur anonym berechenbare Züge auf dem großen Spielbrett des Lebens. Ihre Bedeutung lässt sich schon allein daran ermessen, dass seitdem acht Mal der Wirtschaftsnobelpreis für spieltheoretisch angelegte Fragestellungen vergeben wurde.[2]

7.2 Anfälliger Eigensinn: Ist der Mensch ein homo oeconomicus?

In der Theorie des Homo oecomicus gibt die rational nachvollziehbare Wahl den Ausschlag, wenn Menschen vor Alternativen stehen. Ihre Entscheidungen werden von persönlichen Erwartungen getrieben und die wiederum von der Maximierung des eigenen Nutzens bestimmt. Nicht, dass sich jedes einzelne Individuum jederzeit exakt so verhält, und nicht, dass die persönliche Erwartung immer zutrifft: Die genaue Prognose bleibt auf der Ebene des Einzelnen weiterhin unscharf. Unterstellt wurde lediglich ein typisches Verhalten der Mehrzahl im Sinne eines durchschaubaren Handelns, sodass

---

[2] Spieltheoretische Modellierungen ermöglichen, den besten Verlauf in zwischenmenschlichen Interaktionen und sozialen Konfliktsituationen zu berechnen. Gewinnen bedeutet wie in Spielen, die richtigen kooperativen Schlüsse zu ziehen und umzusetzen. Typisch in Verhandlungen, bei denen Win–win-Momente eingebaut werden, um zu einem für beide Seiten befriedigenden Ergebnis zu kommen. Zur Geschichte der Spieltheorien vgl. Taschner (2015).

Vorhersagen im Großen und Ganzen möglich sind. Entscheidend ist die Summe der Spielzüge, die den Spielausgang bestimmen. So verblüffend einfach, wie das Homo-oecomomicus-Modell es vorgesehen hat, ist es natürlich nicht. Kritiker haben bald eine ganze Reihe von Einwänden vorgebracht. Die große Schwachstelle ist die Ansicht, dass Menschen weitgehend rationale Wesen sind. Denn ihr Verhalten ist nicht immer vom Nutzen her bestimmt, es ist nicht nur auf einen Vorteil hin ausgelegt und empirisch belegbar oft genug irrational. Weder sind wir umfassend informiert, noch neigen wir zu allzu großer Selbstkontrolle. Sogar die aus individuellen Bedürfnissen hervorgehenden Präferenzen sind nicht unbedingt mit den wirklichen Entscheidungen identisch. Damit zerfließt die Grundannahme unter den Händen. Ein altes Problem, mit dem sich auf ethischer Seite schon Hume und Kant plagten. Das empirische Subjekt ist in der Regel impulsiv und emotional, moralisch vernünftiges Handeln ist die Ausnahme von der Regel: Nur ein Können und im günstigsten Fall ein Sollen, dem auch tatsächlich gefolgt wird. In den Wirtschaftswissenschaften geht es allerdings nicht um den Spezialfall moralischen Handelns, es geht um das tagtägliche Tun von in ihren Entscheidungen freien Marktteilnehmern.

Ökonomische Theorien haben bei aller wissenschaftlichen Abstraktion erhebliche Auswirkungen auf die Wirklichkeit von Menschen, sie sind nicht zuletzt eine wesentliche Grundlage für Politikempfehlungen. Wirtschaftswissenschaftler selbst haben gezeigt, dass die Theorie des Homo oeconomicus weder der Vielschichtigkeit der menschlichen Psyche noch der Gesellschaft im Ganzen gerecht wird. Es schlug schon bald die Stunde der Verhaltensökonomen, die sozialpsychologische Erkenntnisse aufgriffen, eine Vielzahl von Untersuchungen vorlegten und die grobe Vereinfachung aufgaben. Demzufolge berechnen Menschen nicht Wahrscheinlichkeiten, sie analysieren Möglichkeiten nicht rational, und sie folgen noch nicht einmal unbewusst einer Nutzenmaximierung. Ihre Urteilkraft ist meistens getrübt, sie sitzen regelmäßig kognitiven Verzerrungen auf: Individuen sind offensichtlich keine idealen Marktteilnehmer, sondern voreingenommen und anderweitig motiviert. Entscheidend sind nicht nur externe Anreize, sondern ebenso sehr intrinsische Motivationen. Bei ihrem Handeln orientieren sich Menschen nämlich an Werten, die aus sich heraus für wertvoll erachtet werden, selbst wenn sie gegen den vermeintlichen Eigennutz sprechen. Sie müssen weder nützlich noch sinnvoll sein, und trotzdem stiften sie Orientierung. Als soziale Wesen folgen wir häufig einfach dem Herdentrieb. Und das Heute steht uns meistens näher als das Morgen, das naheliegende Vergnügen ziehen wir dem künftigen Wohlergehen vor. Wir rechnen weniger und handeln mehr, meistens kurzfristig orientiert.

Wenn es gelänge, die intrinsische Motivation zu aktivieren, könnte man Menschen dazu veranlassen, das Richtige zu tun, ohne dass sie das als eine Einschränkung ihrer Freiheit empfinden. Regierungen in aller Welt setzen längst auf die Erkenntnisse von Verhaltensforschern, mal mehr, mal weniger plump. Sie verändern damit Standards und soziale Normen. Verhaltensökonomen haben für diese weiche Form der Beeinflussung den Begriff Nudging geprägt, es ist ein sanftes Anstoßen in die richtige Richtung.[3] Nudging ist ein zunächst wertneutrales Instrument, um absichtsvoll unbewusste Verhaltensänderungen auszulösen, und als solches noch

---

[3] Beschrieben haben es der Wirtschaftswissenschaftler Richard Thaler und der Rechtswissenschaftler Cass Sunstein. Thaler hat dafür 2017 den Wirtschaftsnobelpreis erhalten.

kein Ziel. Ziele muss die Gesellschaft vorgeben. Um sie zu erreichen, setzen Regierungen möglichst wirksame effiziente Mechanismen ein. Sinnfällige Beispiele sind gesunde Ernährung, finanzielle Rücklagenbildung für das Alter, weniger Umweltverschmutzung oder einfach nicht mehr zu rauchen. Das Anstoßen soll überreden, ohne überzeugen zu müssen. Es verbietet auch nicht, sondern ist ein geschickter Appell. Und zwar nicht etwas Bestimmtes aktiv zu tun, sondern vielmehr reaktiv etwas nicht zu tun, was viel besser funktioniert, weil Menschen träge Wesen sind. Anstöße von außen sind besonders dann effektiv, wenn wir durch sie veranlasst etwas tun, das wir scheinbar aus unserer Selbständigkeit heraus machen. In dem Fall wehren wir uns nicht dagegen, weil es gar keine Verbote gibt, gegen die wir uns auflehnen könnten. Wir werden auch nicht bestraft, wenn wir den Empfehlungen nicht folgen. Freundliche Verhaltensteuerungen wirken auf Menschen viel angenehmer und weniger invasiv als brachiale Vorschriften. Denn die Regelung wirkt nicht wie eine allzu deutliche Regelsetzung.

Dabei wird ein Trick angewendet: Es muss viel mehr Aktivität eingesetzt werden, um der Empfehlung nicht zu folgen, als sie zu beherzigen. Um nicht mitzumachen, müssten wir uns erst einmal aus unserer Komfortzone herausbewegen, was aufwändig und deshalb weniger wahrscheinlich ist. Man muss mehr Energie aufwenden, um der Verführung zu entkommen als ihr zu erliegen. Das passiert beispielsweise, wenn sich ein Abonnement automatisch verlängert, sofern nicht rechtzeitig gekündigt wurde. Bei der Rücklagenbildung fürs Alter sind es analog automatische Einkommensabzüge, bei besserer Ernährung ist es das Platzieren gesunder Lebensmittel in Blickhöhe, beim Rauchen sind es abschreckende Bilder.

Liberale Hardliner unterstellen für alle Nudging-Bemühungen unlautere Grenzüberschreitungen, andere betrachten den Sündenfall themenbezogen gelassener. Nudging setzt darauf, dass wir zwar irrational handeln, aber zum Glück willensschwach sind. Gegner werfen dem Nudge-Ansatz vor, dass er insgeheim einem Paternalismus Vorschub leistet. Er nimmt eine vormundschaftliche Position ein, die dem Selbstbestimmungsmodus des Individuums gerade widerspricht. Derartige Methoden werden schon lange in Marketing und Werbung eingesetzt, sie nutzen unsere Schwächen und unsere Trägheit aus. Die politische Sphäre folgt dem nicht erst jetzt, sie war sogar deren Vorreiter.[4]

7.3   Wem gehören meine Organe? Über fragwürdige Beeinflussungen

Ein Paradebeispiel sind Organspenden. Es macht einen erheblichen Unterschied, ob Regelungen vorsehen, dass der Einzelne im Vorhinein einer Organspende aktiv zustimmen muss, dokumentiert durch einen Organspende-Ausweis. Oder ob umgekehrt beabsichtigt ist, dass er sich aktiv dagegen aussprechen muss, wenn er nicht will, dass seine Organe nach dem Tod zu Verfügung stehen. Die Erfahrungen aus vielen Ländern belegen, dass sich die Zahl der zur Verfügung stehenden Organe erhöht, wenn zum Standard gehört, dass jeder automatisch Organspender ist. Das nutzt zwar Betroffenen, die auf sie warten. Aber jenseits dessen passiert noch etwas: Plötzlich

---

[4] Foucault war dem Phänomen schon Mitte der 1970er-Jahre auf der Spur. Neuzeitliche Regierungsformen bauen auf der Selbstdisziplinierung von Individuen auf. Der Liberalismus ist unter diesem Blickwinkel eine Form der Machttechnologie, die Kosten aufwändiger Überwachung einspart. Vgl. Foucault (2004).

gehören Organe grundsätzlich der Gemeinschaft, vertreten durch den Staat, es sei denn, wir machen sie ausdrücklich zu unserem Eigentum, das wir nicht hergeben wollen. Es handelt sich um eine mehr als nur graduelle Grenzverschiebung. Wenn sich der Einzelne dagegen wehren will, muss er für sich selbst gut begründen können, warum er seine Organe nicht zur Verfügung stellen möchte. Der Handlungsdruck hat sich umgekehrt, die Bequemlichkeit fordert ihren Tribut.

Utilitaristen, die den größtmöglichen Nutzen anstreben, haben damit kein Problem. Das Ziel ist erreicht. Es trägt sogar zur allgemeinen Verteilungsgerechtigkeit bezüglich dringend benötigter Organe bei, und zwar durch diejenigen, die diese Organe definitiv nicht mehr brauchen, wenn sie tot sind. Eine größere Verfügbarkeit mindert den Druck, im Zweifel nach konfliktbeladenen Kriterien entscheiden zu müssen, wer ein Ersatzorgan bekommt und wer nicht. Im Idealfall würde die Glückssumme aller Beteiligter steigen. Trotzdem bleibt ein beklemmender Eindruck. Vertretbares Nudging im Politischen setzt einen Staat als guten Hirten voraus. Im Sinne des Richtigen steuert er sanft und rücksichtsvoll das Verhalten, sodass seine Bürger zu richtigen Entscheidungen geführt werden, ohne dass sie davon etwas bewusst merken. Ihre individuelle Freiheit bliebe gewahrt. Tatsächlich werden aber gar keine echten Alternativen angeboten. Die Richtung ist bereits entschieden, eine Norm ist gesetzt. Der Ansatz nimmt es mit der Freiheit der Willensentscheidung folglich nicht so richtig ernst, er legt die Karten nicht deutlich sichtbar auf den Tisch. Täte er das, würden wir wohl anders entscheiden, sonst bräuchte es das Nudging ja gar nicht.

Die ethische Frage lautet, ob die Ziele in dem Fall wirklich die Mittel rechtfertigen, und wer genau die Entscheidung über Ziele trifft. Am Ende könnte eine

Glücksherrschaft lauern, in der ein Staat und seine Institutionen die Menschen dauerhaft durch geschickte Manipulationen zwangsbeglückt. Das setzt Politiker und Experten voraus, die wissen, was gut ist. Nur in dem Fall würde es Sinn machen, dass Menschen durch ein subtiles Erziehungssystem gesteuert werden, ohne dass dabei gleichzeitig ihre eigene Entscheidungsfähigkeit erhöht wird. Staatskunst ist jedoch niemals perfekt, sie speist sich aus dem Wollen ihrer Bürger, die ebenfalls nicht makellos sind. Bequemes, vergleichsweise unaufwändiges Nudging ersetzt die viel anstrengendere Begünstigung von Kompetenzen, bei denen man das Ergebnis nicht kennt. Was enthält der Staat vor, wenn er auf direkt sichtbaren Druck verzichtet? Im Zweifel ist es die offene Diskussion um seine echten Beweggründe. Er verzichtet auf Information und Argumentation, er verzichtet auf Aufrichtigkeit und Auseinandersetzung, er verzichtet auf die Möglichkeit zu Widerspruch und Infragestellung und behandelt Menschen als ein schutzbedürftiges Objekt administrativer Mikropolitik. Ein öffentlich ausgetragener Kampf um Ideen, Interessen, Meinungen und Argumente ist viel aufreibender und Teil demokratischer Prozesse. Das bedeutet, dass man Entscheidungen rechtfertigen können und damit einen Wettstreit aushalten muss. Dass menschlicher Irrationalismus ausgenutzt wird, mag bei der Beeinflussung des weniger relevanten Einkaufverhaltens akzeptabel sein, möglicherweise auch bei weitgehend unstrittigen Verbesserungen wie gesunder Lebensweise, nicht aber bei grundlegenden Themen wie Organspenden. Regulierung wird ohne Transparenz schnell zu Manipulation, und die kann zu einem Kontrollmittel ausarten.

Diskussionen um Organspenden sind symptomatisch für Schwierigkeiten, vor denen bestimmte Varianten des Liberalismus stehen. Er versteht Freiheit und mithin die freie Entscheidung als einen natürlichen Besitz, als etwas, was schon immer unser Eigenes ist. Deshalb sucht er die ungestörte Verwirklichung des persönlichen Willens in Form eines privaten Genusses. Es geht ihm darum, einen Freiheitskeim, der da ist, zur Ausgestaltung zu bringen, sodass wir das werden, was wir sind, nämlich frei in unserer Selbstverwirklichung. Aus diesem Grund erwartet er auch nicht, dass unser natürliches Wollen in ein anderes, besseres verwandelt wird, etwa in das Wollen des gemeinsamen Guten. Um dies dennoch zu erreichen, muss er Umwege indirekter Beeinflussung gehen. Seine theoretische Grenze und sein absichtsvoller Reduktionismus liegen darin, dem Wert der Freiheit nicht nur die höchste, sondern die alleinige Priorität zu geben. Vor die Wahl gestellt, gehören dann alle anderen Werte erst in die zweite Reihe. Ihr Zweck ist, die Gültigkeit des ersten Wertes zu stützen und auf keinen Fall zu beschränken. Das führt in problematische Situationen. Alle Sicherungs- und Bildungssysteme sind nur dazu da, den Raum der Verwirklichung von Freiheit zu festigen. Dieser vielfach vertretene Hang zur Einseitigkeit hat zumindest mittelbar mit Gründen seiner Entstehung zu tun, er ist, ohne es deutlich zu machen, ein Kind der Überwindung des Absolutismus.

7.4 Privateigentum als Hebel: Gehört mir ein Selbst?

Freiheit ist das Pendant zu einem wie auch immer gearteten individuellen Selbst des Menschen, weil es etwas geben muss, das sie konkret ausübt. Ansonsten wären nicht nur Begriffe wie Selbstentfaltung und Selbstverwirklichung hohle Worthülsen. In der Menschheitsgeschichte galten über Jahrtausende hinweg die Regeln des Herrschers. Die Idee eines politischen Selbstbestimmungsrechts entwickelte sich von kurzen Zeitspannen im alten Athen und Rom einmal abgesehen erst in der Neuzeit und Moderne. Es musste blutig erfochten werden.[5] Um die alte Welt auf den Kopf zu stellen, brauchten die Vorreiter eine starke und möglichst unmittelbar einleuchtende Begründung. Sie ist noch immer der insgeheim treibende Motor einer fast 350 Jahre währenden Erfolgsgeschichte des Liberalismus, der in der westlichen Welt die Geschicke maßgeblich mitbestimmt hat.

Die historischen Wurzeln liegen in Europa im auslaufenden 17. Jh., als Könige, Päpste und Kaiser nebst Aristokraten das absolute Sagen hatten. Der Gegner war also überaus mächtig, in langen historischen Phasen gewachsen, weswegen etwas seinerseits Mächtiges dagegengesetzt werden musste. Denn das geltende Recht und Gewaltmonopol befanden sich unmissverständlich aufseiten der Gegner. Das aufstrebende Bürgertum war immer weniger bereit, sich einem absoluten Herrscher, der über seine Untertanen willkürlich verfügen konnte, bedingungslos zu fügen. Vor dem Hintergrund einer sich dynamisch entwickelnden kapitalgebundenen Marktwirtschaft betrachtete es den feudalen Ständestaat samt seiner tradierten Vorrechte als direkten Feind, der die freie Entfaltung aller hindert, um seine eigene zu perpetuieren. Frühe Liberale fochten zunächst einmal für Gewerbefreiheit, niedrige Steuern, Zollabbau und Rechtssicherheit.

---

[5] Hegel beschrieb die Weltgeschichte vereinfachend als Fortschritt im „Bewusstsein" von Freiheit: Zunächst verstand sich nur einer als frei, der despotische Herrscher; bei Griechen und Römern waren es dann immerhin wenige, die Aristokraten; und im bürgerlichen Zeitalter müssen es schließlich alle tun, weil Menschen gleich sind (Hegel, 1970b).

Dabei blieb es nicht. Die Errichtung der bürgerlichen Gesellschaft ging mit eigengesteuerter wirtschaftlicher, kultureller und politischer Betätigung einher. Plötzlich strahlte der Freiheitsgedanke auf viele unterschiedliche Ebenen aus: Handelsfreiheit, Eigentumserwerb, Bildungsmöglichkeit, Kritikäußerung, politische Mitwirkung, Meinungs-, Rede- und Versammlungsfreiheit, Selbstgesetzgebung – alles Schlüsselbegriffe für eine Epoche, die sich von den Fesseln der Abhängigkeit und Bevormundung befreien wollte und zu einem ganz eigenen Selbstbewusstsein fand. Die sich daran anschließenden Revolutionen des 18. Jhs. in Europa und Amerika verschafften den liberalen Ideen schließlich einen gewaltigen historischen Durchbruch, der in Vorstellungen umfassender Selbstbestimmung mündete. Forderungen nach Freiheit der individuellen Lebensgestaltung, wirtschaftlicher und politischer Betätigung sowie der Gleichheit vor dem Gesetz kulminierten schließlich in die Formulierungen von Bürgerrechten, konstitutionellen Verfassungen und verschiedenen Versionen demokratischer Systeme. Mit der Deklaration allgemeiner Menschenrechte wurde darüber hinaus der Anspruch einer Universalisierung liberaler Grundideen auf den Weg gebracht.[6] Dass liberales Denken einen enormen wissenschaftlichen und wirtschaftlichen Fortschritt nach sich gezogen hat, ist Konsens. Über die politische Langzeitwirkung und Zukunft herrscht dagegen Uneinigkeit. Das liegt nicht zuletzt daran, dass sich das liberale Denken von Beginn an für ein Konzept entschieden hat, das viel kleiner ist als sein großer Impetus: Es startete mit

---

[6] Kapitalismus und Eurozentrismus gelten vielerorts als Symptome einer offen propagierten Herrschaftsabsicht westlichen Denkens. Um die mögliche oder unmögliche Universalisierung der Menschenrechte wird heute mehr denn je gefochten.

dem privaten Eigentum, und für etliche Vertreter des Liberalismus geht es auch nur darum. Damals als Erfolgsrezept gegen Willkür gerichtet plausibel, aus heutiger Sicht allerdings eine einseitige Engführung.

Zunächst war es einfach eine raffinierte Argumentation, mit der individuelle Freiheit begründet wurde. John Locke als intellektueller Initiator der liberalen Basistheorie hat den Eigentumsbegriff nicht nur auf äußere Dinge angewendet, sondern auf die eigene Person ausgedehnt. Das Recht auf Selbstbestimmung verstand er als legitime Verfügungsgewalt über sich selbst: Sie liegt in allererster Instanz und gleichzeitig ausschließlich beim Individuum und nicht bei einer staatlichen Institution, auch nicht in Teilen. Nimmt man das wörtlich, haben ihn Eigentumsgesichtspunkte dazu geführt, dass wir uns als Selbstbesitz verstehen sollten.[7] Die Selbstaneignung wäre demzufolge ein konsequenter Akt ursprünglicher Besitzrechte, die absolutistische Herrscher zu Unrecht missachtet haben. Von Beginn an haben wir ein Eigentumsrecht an uns selbst. Erst danach ist eine Fremdaneignung als Erwerb von Sachen überhaupt vorstellbar. Denn es braucht jemanden, der sich selbst gehört, und als Rechtssubjekt sich weitere Dinge aneignen kann. Locke hat die Problematik juristisch in Form einer Privateigentumsfrage der eigenen Gestalt gelöst und das Besitzrecht anschließend ausgedehnt. Ohne Zustimmung darf niemandem ein Teil seines rechtmäßigen Eigentums weggenommen werden, und schon gar nicht sein natürliches Eigentum, das er an sich selbst hat. Auf diese raffinierte

---

[7] Locke begründet das als vorstaatliche Gegebenheit aus unserer Natur heraus. Der Selbstbesitz ist eine mittelbare Folge des Selbsterhaltungstriebs, der ein Selbsterhaltungsrecht legitimiert.

Weise hängen Freiheit, Eigentum und Unabhängigkeit bei ihm unmittelbar zusammen.[8]

Die Behauptung eines Eigentumsanspruchs an der eigenen Person erscheint zunächst wie eine überflüssige Verkomplizierung, ausgelöst durch ein Besitzdenken, das zwischen Besitzendem und Besitz unterscheidet. Demnach zwischen Person und Objekt. Wem gehöre ich? Mir allein! Nur im Fall des Subjekts kommt beides zusammen, Person und Objekt. Sie ist aus dem Kontext einer Zeit gut zu erklären, die Sklaverei nicht grundsätzlich ablehnte, die auch ansonsten Leibeigentum kannte, und die ein ökonomisches Verständnis des Wirtschaftens als Ausdrucksform aktiven Handelns entwickelt hat, in dem Privatbesitz die Hauptkategorie bildete.[9] Entscheidungen wurden immer stärker in den privaten Entschluss der Wirtschaftsteilnehmer gestellt. Analoges galt dann sukzessive für den Schutz einer Privatsphäre zur freien Entfaltung.

Hinzu kam die Kritik am Absolutismus. Eigentum ist ein besonders sichtbares Recht für jedermann. Je deutlicher dieses hervortritt, desto auffälliger wird auch der Rechtswiderspruch von absoluter Herrschaft über andere. Deshalb musste der Besitz an sich selbst so hoch angesetzt werden, woraus sich über die Zeit die subjektiven Rechte in bürgerlichen Ordnungen herausgeschält haben. Folgenreich waren insbesondere die politischen Implikationen. Auf staatlicher Seite plädierte Locke für eine beschränkte Staatsgewalt mit der wichtigsten Aufgabe, das Eigentum

---

[8] „Obwohl die Dinge der Natur allen zur gemeinsamen Nutzung gegeben werden, lag dennoch die große Grundlage des Eigentums tief im Wesen des Menschen (weil er der Herr seiner selbst ist und Eigentümer seiner Person und ihrer Handlungen oder Arbeit." (Locke, 1995, S. 227).

[9] Seine Argumentation hinderte Locke freilich nicht daran, als Investor der Royal African Company von einer Hauptakteurin des transatlantischen Sklavenhandels zu profitieren.

seiner Bürger wie diese zu schützen. Da er stillschweigend davon ausging, dass es schon immer Privateigentum gegeben habe, konnte er dem Monarchismus das Eigentumsrecht über Untertanen entziehen und es den Individuen übereignen. Das Selbst wurde nicht nur als Ausdruck, sondern auch noch Gegenstand der kontinuierlichen Verfügungskraft von Individuen aufgefasst: Subjekt und Objekt fallen zwar im Selbst zwar zusammen, sie werden der Dinghaftigkeit über den Besitzbegriff aber angenähert. Es ist ein ungewöhnliches Binnenverhältnis. Eine soziale Frage stand für Locke nicht zur Debatte.

7.5 Sympathische Tugenden: Warum die unsichtbare Hand des Marktes ein Ziel braucht

Ganz anders bei Adam Smith, dem zweiten großen Patron des Liberalismus. Bekannt wurde er als Begründer der Nationalökonomie, die das Funktionieren des Marktes zum Mittelpunkt hat. Mit dem metaphorischen Ausdruck „unsichtbare Hand" beschrieb er die Selbststeuerung wirtschaftlicher Aktivitäten durch die Mechanismen von Angebot und Nachfrage. Beides zusammen arbeitet in Form eines undurchschaubaren Marktes als geheimnisvoll ordnende Kraft, die den Einzelnen einerseits dazu bringt, nur seine eigenen Interessen zu verfolgen, andererseits aber gleichzeitig unbewusst dem Interesse aller zu dienen. Der Erfinder der Nationalökonomie hatte den Treibstoff von freien Marktwirtschaften entdeckt. Dadurch, dass Bedarfsgüter ständig den Besitzer wechseln, wird die Gesamtwirtschaft angetrieben, wovon alle profitieren. Smith gilt vielen als kluger Vertreter eines gesunden Egoismus, der im übertragenen Sinn zu geradezu altruistischen Effekten einer guten gesellschaftlichen Güterversorgung führt. Tatsächlich ist es wohl eher umgekehrt, sein Hauptwerk heißt nicht umsonst „Wohlstand der Nationen". Der Begriff „unsichtbare Hand" kommt dort nur sporadisch vor, und einen Markt um des Marktes willen hat er niemals propagiert. Im Zentrum steht folglich nicht das zweckfreie Funktionieren von Märkten als unabhängiges Ziel, sondern im Gegenteil der Wunsch, dass es allen besser gehen sollte und die Zirkulation von Waren über gut geölte Märkte genau dafür sorgen kann. Damit geht eine soziale Forderung an den Staat einher: Menschen verdienen als soziale Wesen Wohlfahrtsfortschritte. Smith forderte deshalb keinen inaktiven Staat, wie manche seiner Nachfolger, sondern u. a. Lohngesetze, die Arbeiter begünstigen, eine obligatorische kostenfreie Schulbildung und effektive Maßnahmen zur Reduzierung der Kindersterblichkeit. All das waren zu jener Zeit ungewöhnliche Forderungen.

Im Hauptberuf war Smith Moralphilosoph, was erkennbar Spuren hinterlassen hat. So hat er die Ökonomie auch angelegt: Sie hat ein moralisches Fundament, sie hat ein moralisches Ziel, und sie beschreibt einen Weg, um dies zu erreichen. Er schrieb der Herzkammer des Liberalismus nach Locke's eher formalem Besitzkonzept einen zweiten Impulsgeber ein: ein aufrichtiges Wohlstandsversprechen. Märkte brauchen Egoismen, Gesellschaften als Ganzes aber etwas anderes, und Individuen sind deren Gestalter. Damit der Egoismus des Einzelnen nicht zu selbstsüchtigen Exzessen führt, muss das Individuum moralisch gebunden werden. Das gesunde Eigeninteresse wurde von Smith deshalb mit bedächtiger Selbstbeherrschung gepaart, weil sich erst auf diesen Grundmauern gute Institutionen entwickeln. Seine ökonomischen Kategorien wollten keine Systemautonomie reiner Regelkreisläufe erfassen, sondern einen Einblick

in Wachstumsfaktoren geben, die wiederum den Lebens-
standard aller heben.[10] Erst das führte ihn zum Interesse
an ökonomischer Effizienz, eine Funktion zum Erreichen
eines anderweitig bestimmten Ziels, hinter dem für Smith
wiederum ein moralisches Gebot zur Gerechtigkeit steht.
Er war kein Apostel des Freihandels und schrankenlosen
Eigeninteresses, sondern im Grunde seines Herzens ein
Verfechter des pflichtbewussten Stoizismus, der die Würde
anderer achtet.

Als Ursprung der Moral galt ihm ein moralisches
Empfinden. Das ist zunächst ein Gefühl, ein Affekt, und
keine abstrakte Leistung wie Vernunft. Gefühle hatte
schon die Antike in den Mittelpunkt gerückt und darauf
eine individuelle Tugendorientierung aufgebaut, die
zur eigenen Glückserreichung führen sollte: Die selbst-
beherrschte Ausgewogenheit sorgt für Extremvermeidung
und eine innere Unabhängigkeit gegenüber widrigen
Umständen. Die englischen Empiristen haben sie um
eine natürliche Fähigkeit zur „Sympathie"[11] erweitert.
Sie erlaubt, sich in andere Menschen hinein zu versetzen, also gewissermaßen den Platz zu tauschen und
somit Glück und Leiden anderer nachzuempfinden.
Mitgefühl, Positionstausch, Rollenübernahme und am
Ende Kooperation entspringen einem Moralkonzept,
das von mindestens zwei Personen ausgeht. Locke hatte
sich demgegenüber auf das sich selbst besitzende Einzel-
subjekt beschränkt. Schon Smith hat wie später Kant

---

[10] „Es kann sicherlich eine Gesellschaft nicht blühend und glücklich sein, deren
meiste Mitglieder arm und elend sind" (Smith, 2013, S. 85).

[11] Der Wechsel des Handlungsmotivs von Eigeninteresse zu Sympathie, die
sich eigentlich widersprechen, wird in der Forschung Adam-Smith-Problem
genannt. Es könnten aber auch zwei Seiten einer Medaille sein: Ein jeweils
individuelles Gefühl, das auf unterschiedliche Weise in unterschiedlichen
Bereichen sozial nützlich ist.

verlangt, dass wir von uns selbst und unserem persönlich anwesenden Gegenüber abstrahieren müssen, wenn
wir moralisch handeln. Wir sollten uns so verhalten, als
würde ein unparteiischer Zuschauer unsere Handlungen
beobachten und bewerten. Ohne ihn würden wir uns
immer für den wichtigsten Menschen auf der Welt halten.
Mit ihm stellen wir dagegen fest, dass wir nur einer unter
vielen sind. Hier kommt die Tugend der Gerechtigkeit
ins Spiel. Gesellschaften, in denen jeder einen anderen
schädigen will, sind für Smith zum Untergang verurteilt.
Wer sein eigenes Glück jederzeit über das anderer stellt,
ihnen also ihre Güter rauben möchte, wird von einem
unparteiischen Zuschauer immer verurteilt. Deshalb
steht über allem die Tugend der Selbstbeherrschung, weil
Menschen nicht nur, aber auch egoistisch sind. Zugespitzt
hat der frühe Liberalismus in einer kurzen Zeitspanne
zwei theoretische Wege gebahnt, die noch heute die Diskussionen treiben: Privateigentum und Moral. Der ökonomische Liberalismus ist dem einen Weg gefolgt, der
politische Liberalismus dem anderen.

7.6 Privatisierung der Moral: Wie der Liberalismus seine bessere Hälfte verloren hat

Die Moralkomponente hat der Liberalismus allmählich vergessen. Im 19. Jh. hat sich die Freiheitsforderung
einerseits auf die bloße Exzentrik der einsam Rufenden
wie Mill oder Nietzsche verlagert und andererseits auf
das wirtschaftliche Handeln. Beiden Richtungen gilt
das Subjekt als etwas bedingungslos Autonomes, das
nur seinem eigenen Wollen folgt. Von der Bindung
an eine übergeordnete Pflicht hat sich der wirtschaft-

lich ausgerichtete Liberalismus im 20. Jh. dann vollends gelöst und dabei nicht nur einen schlanken Staat gefordert, sondern ihn als Gegner definiert, der zurückgedrängt werden muss. Unter dem Schlagwort Neoliberalismus ist er Ende des Jahrhunderts zum Synonym für eine kalte gierige Radikalität geworden. Sein Antrieb: Entpolitisierung und Zurückstutzung auf einen Minimalismus.[12] Neben entfesselten Märkten und der Polemik gegen den Sozialstaat sind seine summarische Ausläufer eine ausufernde Ökonomisierung des gesamten gesellschaftlichen Lebens bis ins Private hinein, eine voranschreitende Eigenverantwortungszuschreibung und, weniger offensichtlich, eine vollständige Privatisierung der Moral.

Daran hat er nicht ganz alleine gearbeitet, auch der politische Liberalismus holte nach dem Zweiten Weltkrieg aus Furcht vor erneutem Totalitarismus mit einer Kampfansage gegen alle Formen des Kollektivismus wuchtig aus. Dafür berühmt geworden ist Isaiah Berlin, ein wortgewaltiger Ideengeschichtler. Er prägte mit der Unterscheidung von positiver und negativer Freiheit lange Zeit die intellektuelle Auseinandersetzung. John Locke und Frank Stuart Mill standen im Hintergrund Pate[13]. Mill ist im 19. Jh. nicht nur einer der Vertreter des Utilitarismus, sondern vor allem ein Verfechter der Zulässigkeit

---

[12] Neoliberalismus hat viele Spielarten, nicht nur den Laissez-faire-Staat. Der Gegner ist klar zu benennen: Planwirtschaft und sozialstaatliche Eingriffe. Als Begriff ist er aber zur Allzweckformel verkommen und überstrapaziert. Im Zeitgeist konnte er sich auch mit progressiven Freiheitsvorstellungen verbinden: Autonomie, Selbstverwirklichung, Staatsbürgerschaft.

[13] Mill hat die Besitzlogik von Locke wiederholt: „Über sich selbst, über seinen eigenen Körper und Geist ist der einzelne souveräner Herrscher" (Mill, 1988, S. 17). Aber die Liebe zur unbedingten Freiheit entlastet nicht von der Abwägung: Wenn ein Spaziergänger eine baufällige Brücke betritt, kann man ihn laut Mill auch ohne dessen Einwilligung daran hindern.

exotischer Meinungen, weil sie sich irgendwann als richtig erweisen könnten. Es war die Zeit der Massenbildung und Massenbewegung, des Imperialismus und Individualismus, des Geniekultes und der Exzentrik. Angesichts aufkommender Massenmedien beklagte er eine „Tyrannei der Mehrheit". Aus dem Störenfried der Behaglichkeit machte Mill einen produktiven Helden der Freiheit, den die moderne Gesellschaft als Korrektiv braucht. Er wollte niemanden an seiner eigenen Glücksfindung hindern, aber das leidenschaftliche Hohelied auf den Exzentriker interessiert sich kaum für das konkrete Wohl der anderen.

Isaiah Berlin hat die Verschiedenheit von negativer und positiver Freiheit populär gemacht. Nehmen wir einen Raucher, der auf eine Kreuzung zusteuert und entscheiden muss, ob er links zum Bahnhof abbiegt, um einen Zug zu erreichen. Oder rechts, um an einem Kiosk Zigaretten zu kaufen. Im Sinne von Isaiah Berlin besteht die negative Freiheit darin, dass er in seiner Entscheidung völlig frei von Zwang und äußerem Druck ist. Niemand hindert ihn, den einen oder den anderen Weg einzuschlagen. Positiv ist er auch frei, er kann sich nämlich für das eine oder das andere entscheiden, je nachdem was ihm selbst wichtiger erscheint. Damit ist es sein eigener Entschluss, es sei denn Nudging-Experten versuchen, ihn geschickt vom Rauchen abzubringen. Negative Freiheit ist somit eine von sämtlichen äußeren Einschränkungen enthobene völlige Freiheit, liberal gesprochen die Sicherheit der Privatsphäre gegenüber allen staatlichen und gesellschaftlichen Eingriffen. Ein absoluter Schutzraum des Selbst. Positive Freiheit bedeutet dagegen den Weg der Selbstverwirklichung, sie ist eine Freiheit zu etwas, einem von mir selbst Gewähltem. Ein inhaltlicher Selbstbestimmungsvollzug, egal wie ich dazu gekommen bin. Geraten beide miteinander in Konflikt, sollten Gesellschaften in ihrer Rahmensetzung gemäß Berlin immer die negative vorziehen, weil nur sie den individuellen Freiraum sichert, sich auf individuellem Weg eine positive zurecht zu legen und zu verfolgen (Berlin, 2017). Der Ideengeschichtler hat die Befürchtung in den Raum gestellt, dass eine allgemein vorgegebene Ausrichtung an einem wirklichen Selbst immer zu einem gefährlichen Kollektivismus führt, der Individuen als Glieder eines organischen Ganzen begreift und sie ein für alle Mal zum Glück führen will. Dem dient die vergiftete Unterscheidung zwischen wahrem und falschem Selbst, das Moralerzieher und Kollektivsysteme heranziehen. Sie öffnet mit ihrer Wertung dem ideologischen Missbrauch Tür und Tor, weil sie beabsichtigt, alle Widersprüche zu tilgen. Da Menschen im Hinblick auf ihre Lebensziele allerdings uneins sind, kann es auch keinen Zustand gesellschaftlicher Harmonie geben. Der Rechtsrahmen soll demzufolge lediglich vorgeben, dass jeder nach seinem Gutdünken glücklich werden kann samt aller seiner Irrationalismen. Moral wäre dann eine reine Privatsache wie das individuelle Gewissen. Und die einzige Aufgabe des Staates bestünde darin, die negative Freiheit auf ewig zu sichern.

Das Beispiel des Rauchers ist nicht ganz fair gewählt, um den Unterschied von negativer und positiver Freiheit zu veranschaulichen. Denn Raucher sind abhängig von ihrer Sucht und darin sicherlich nicht frei. Berlin hat auf Risiken hingewiesen, wenn Staaten ein wahres Selbst in den Raum stellen, und es ihren Bürgern wenig suggestiv nahebringen wollen. Gleichzeitig hat er aber Faktoren, wie Ängste, innere Zwänge und aufgestaute Blockaden ignoriert, die unfrei machen, wenn man ihnen unterliegt. In der Realität kann die Selbsterfüllung sowohl an inneren Hemmnissen wie an äußeren Hürden scheitern. Auf individueller Ebene gibt es somit sehr wohl einen Unterschied zwischen einem wahren und einem falschen Selbst: Dem wahren entspricht die Selbstverwirklichung

und Selbstbehauptung, dem falschen die Selbstent-
fremdung und Selbstpreisgabe, die es zu überwinden gilt.
Damit werden individualistische Werte in den Vordergrund gebracht, bei denen es um die Entfaltung eines
authentischen Selbst, seiner Bedürfnisse und Wünsche
geht. Doch ohne ein ausgebildetes Urteilsvermögen, das
qualitative Unterscheidungen und Bewertungen eigener
Motive gestattet, ist Selbstlenkung kaum glaubwürdig.
Tatsächlich können wir uns ebenso in uns selbst täuschen
wie andere sich über unser Selbst täuschen können. Man
kann sich eine Gemeinschaft voller Neurotiker vorstellen, in der niemand frei ist, obwohl sie durch nichts
und niemanden eingeschränkt werden, außer den zwang-
haften Neurosen. Es gibt schließlich sektenhafte Gemeinschaften, die nur nach diesem Prinzip funktionieren und
es scheinbar freiwillig verteidigen. Damit sind manche
zufrieden, weil der Liberalismus in ihre subjektiven
Moralentscheidungen nicht hereinredet. Am subjektiven
Pol wird weitreichende Anarchie geduldet, obwohl
nach dem Analogieprinzip eigentlich eine starke innere
Institution für Selbstschutz sorgen müsste. Woher soll
die kommen, wenn jeder nur bei sich selbst ist? Wer sich
als intellektueller Vorreiter des Fortschritts der Menschheit sieht, müsste an der Stelle mehr anbieten können, der
Reduktionismus hat die moralische Idee des Liberalismus
kannibalisiert und damit unnötig klein gemacht.

Ohne es zu ahnen, sitzen Vertreter des bedingungslosen
Grundeinkommens genau dieser Idee auf. Es ist, kaum
verwunderlich, ursprünglich ein Konzept des Liberalismus und wurde sogar von einer Ikone des Neoliberalismus erfunden.[14] Die nächsten Vertreter kamen aus dem

---

[14]Spiritus Rector ist Milton Friedman mit seinen Überlegungen zur negativen
Einkommenssteuer. Um staatliche Zuwendungen zu erhalten, stellt er keine
Bedingungen, auch keine Bedürftigkeitsprüfung. Es geht einerseits um ein

Silicon Valley: Es würde lästige soziale Pflichten wie Lohnnebenkosten einsparen. Und zudem übernähmen, so die Behauptung, in absehbarer Zukunft die Digitalisierung und immer mehr Maschinen die Arbeit von Menschen, sodass ein Großteil der klassischen Erwerbsarbeit wegfallen wird. Das linksliberale Modell hat den Gedankengang der Einsparung hoher Verwaltungskosten und Sozialabgaben übernommen und an die grundsätzliche Befreiung von einer Arbeitspflicht gekoppelt, deshalb die Präzisierung bedingungslos. Kritiker vermuten darin dennoch ein trojanisches Pferd des Neoliberalismus, denn der Selbstverwirklichungsbefehl und die Marktlogik gehen Hand in Hand: freie Optionen sind alles beherrschend. Der Systemwechselwunsch wirkt jedenfalls wie eine Mischung aus Aussteigertum und Maschinenutopie, die in Kalifornien schon vor längerem eine Verbindung gefunden haben.

Die Logik der Bedingungslosigkeit wendet individuelle Freiheit nur als abstraktes Prinzip an und will die konkreten Abhängigkeiten und vor allem den Realitätsdruck beseitigen, sodass das Individuum zwangsfrei ungebunden und anforderungslos nach eigenem Gutdünken in selbst ausgesuchten Gemeinschaften gänzlich selbstbestimmt wählen und agieren kann. Das Muster ist ein autonomes von Fremdzwängen befreites Subjekt, und nicht das soziale Wesen, obwohl es in dessen Gewand daherzukommen vorgibt. Es kennt nämlich keine Zwänge oder Verbote, und es vertraut gutgläubig auf die unsichtbare Hand des übrig gebliebenen Marktes und eines behaupteten Altruismus, die irgend-

---

bestimmtes Mindestniveau. Und andererseits um eine langsame Auflösung der Sozialversicherungssysteme. Sein Buch „Kapitalismus und Freiheit" erschien 1962.

wie alles ins Lot bringen sollen. Die negative Freiheit des bedingungslosen Grundeinkommens, also nicht mehr arbeiten zu müssen, hat die positive zur Kehrseite, nur für sich selbst verantwortlich zu sein. Tatsächlich ist es ein Müssen, denn die gesamte Handlungsverantwortung wird an den Einzelnen übertragen, an seine privaten Interessen und seine soziale Einsicht. Denn niemand soll im Freiheitsversprechen vorschreiben, wie die Selbstverwirklichung aussieht, Entscheidungen sind ausschließlich intrinsisch motiviert. Bindungen werden lediglich eingegangen, wo es passt. Das von allen externen Lasten und Pflichten befreite Selbst kann seiner glücklich ausgelebten Innerlichkeit folgen. Es ist der narzisstische Wunschtraum größtmöglicher Ungebundenheit. Arbeiten werden demzufolge über kurz oder lang von Maschinen übernommen, die KI wiederum so steuern kann, dass es unser aller Wohl dient. Angesichts der überwältigenden Intelligenz der KI schluckt sie alle Optimierungsnotwendigkeiten und wandelt sie in Effizienzergebnisse um, um uns ein angenehmes Leben zu bescheren. Wäre sie wirklich intelligent, würde sie sich dafür vermutlich irgendwann nicht mehr hergeben, sondern eigene Ziele verfolgen. Das Kino ist voll von derartigen Szenarien.

Gegner sehen im bedingungslosen Grundeinkommen ein Elitekonzept von Intellektuellen und Künstlern, die mit Freiheit und Freizeit umgehen können. Denn schließlich sind sie genau dafür ausgebildet, von beiden wird Subjektivismus eingefordert, er ist ihre Grundlage, ein typisches Schichtphänomen. Befürworter ahnen allerdings, dass ein dauerhaftes Um-sich-selbst-Kreisen für manche zu einem Selbstverwirklichungsstress führen würde. Deshalb propagieren sie gleichzeitig ein Menschenbild, in dem der Einzelne automatisch etwas Sinnvolles und Gemeinnütziges unternimmt, und sich zudem solidarisch verhält, sobald kein ökonomischer Druck mehr spürbar ist. Es ist eine moralische Erwartungshaltung auf Grundlage einer ökonomischen Systemveränderung. Empirisch feststellbar ist jedoch, dass Personen, die in ökonomisch sorglosen Zuständen leben, oder Menschen, die sich als besonders glücklich bezeichnen, nicht zwangsläufig moralisch bessere Menschen sind. Man könnte also ebenso gut auch Egoismus und Gier als Wesensmerkmal ausmachen. Es erscheint wie ein Windmühlenkampf, auf der Ebene eines letztgültigen Wesens des Menschen kommt man an kein Ende der Diskussion: Man verzettelt sich in Behauptungen und mäandernden Diskussionen, was Menschen von Natur aus gerne und automatisch tun. Anzumerken bleibt, dass Moral gerade nicht das ist, was Menschen natürlicherweise machen, deshalb braucht es ja menschliche Moral, sie ist ein Kulturprodukt. Ethische Fragen lassen sich nicht durch Wirtschaftssysteme wegretuschieren, man muss sie eigenständig beantworten: die ökonomischen und die moralischen Sphären können überhaupt nicht in eins fallen, sie haben jeweilige Eigendynamiken, Gesetzmäßigkeiten und Regeln. Handlungsethisch sind wir für direkte Handlungen und Unterlassungen verantwortlich, egal ob Eigeninteresse oder Solidarität überwiegt. Verantwortungsethisch sind wir aber auch für Zustände in der Welt verantwortlich, sobald wir die Position einer unparteiischen Bewertung einnehmen. Moral und Vorsicht verbindet beide Pole: Individuum und Gesellschaft.

Eine andere Spielart der unbekümmerten Propagierung einer Privatmoral ist der effektive Altruismus, der nach der Jahrtausendwende in eine Bewegung mündete und schnell namhafte Tech-Vertreter im Silicon Valley gefunden hat. Er ist eine Variante des Utilitarismus, folgt also Nutzenrechnungen. Menschen sind demzufolge nicht nur verpflichtet, Gutes zu tun, sondern sie sollten es auch mit maximal möglicher Wirksamkeit. So haben sich

Mitglieder der Bewegung verpflichtet, mindestens zehn Prozent ihres Einkommens zu spenden. Für manche ihrer Vertreter sollten Spenden sogar grundsätzlich Steuern ersetzen. Der Ansatz treibt Blüten, denn sie entscheiden ausschließlich selbst, wofür. Maximierung ist ein sehr unspezifischer Türöffner für jegliche Prioritätensetzung. Die Rettung von Tieren verspricht beispielsweise ein unter Effizienzgesichtspunkten phantastisches Kosten-Nutzen-verhältnis, weil deren Zahl die menschliche Bevölkerung um ein Vielfaches übersteigt. Eine andere Anwendung ist der sogenannte Longtermism, die Langfristigkeit der Glücksberechnung. Menschen der Zukunft zählen demzufolge moralisch nicht weniger als die gegenwärtige Generation. Ihre Relevanz hat sogar absolute Priorität, weil ihre Menge theoretisch unendlich viel größer ist.[15] Durch die stillen Milliarden, die nach uns folgen, wird der Horizont der Ansprüche so weit in die Zukunft verlegt, dass der Spekulation und damit beliebigen Eigen-einschätzung Tür und Tor geöffnet sind. Die Spender beschäftigen sich immer weniger mit Armuts- sowie Krankheitsbekämpfung und immer mehr mit Initiativen zur Entwicklung einer menschenfreundlichen KI. Mit behaupteten Glücksrenditen einer unbekannten Zukunft lässt sich so ziemlich alles begründen, vor allem sich mit anderen sozialen Gegenwartsproblemen nicht mehr beschäftigen zu müssen.

---

[15] William MacAskill hat den Ansatz von Peter Singer weiterentwickelt. Vgl. MacAskill (2023).

7.7 Mehr Realitätssinn: Die konkrete Verwirklichung individueller Fähigkeiten

Wer Freiheit wie einen persönlichen Besitz behandelt, also etwas, über das wir verfügen wie über unser Gehirn oder unsere Hände, vertritt eine objektivistisch eingeebnete und damit kastrierte Freiheitsvorstellung. Denn niemand kann für sich allein autonom sein, oder aus sich heraus Moral erfinden. Autonomie setzt reziproke Beziehungen voraus und nicht nur, dass man sich gegenseitig tolerant in Ruhe lässt und ansonsten bei sich bleibt. Widerspruch zur derart verkürzenden Auffassung von Freiheit ließ deshalb nicht lange auf sich warten. Der politische Liberalismus ist zu einem Zeitpunkt aufgetaucht, als sich der westliche Zeitgeist in Richtung individueller Hedonismus, fröhlicher Relativismus und intellektueller Pluralismus entwickelt hatte.[16] Beginnend in den 1970er- und verstärkt ab den 1980er-Jahren haben Sozial- und Rechtsphilosophie der Rolle von Gemeinschaften neuen Auftrieb verschafft und Denkanstöße zu einer gerechten politischen Ordnung gegeben. Der individuell mögliche Handlungsspielraum hängt nämlich ganz erheblich von den äußeren Gegebenheiten ab. Nicht nur Wunschträume prallen an der Wirklichkeit brutal ab, auch kleine Ansprüche scheitern an ihr, wenn die Umstände ganz andere sind. Denkt man mögliche Handlungen völlig unabhängig von

---

[16] Rawls (1979) und Habermas (1983) haben frühzeitig gemerkt, dass dem Liberalismus in der Verzwergung etwas Bindendes fehlt. Sie sind mit ihren Konzepten zielstrebig in das vorhandene Vakuum gestoßen: Rawls hat dem Liberalismus abstrakte Gerechtigkeitsprinzipien eingeimpft, die Freiheit erst ermöglichen und sichern. Habermas hat dem Liberalismus ein Diskursprinzip eingeimpft, indem er Gleichheit als berechtigten zwanglosen Austausch von Argumenten mit Freiheit verwoben hat.

realen Kontexten, bleiben sie im abstrakt Theoretischen hängen. Sie sind zwar vorstellbar, aber im gewöhnlichen Leben nicht umsetzbar. Die vermeintlichen Alternativen existieren nur spekulativ, die Trauben hängen zu hoch und sind unerreichbar.

Zu den praxisbezogenen Einsprüchen gegen ein ungebundenes Selbst gehört deshalb, dass etwas Maßgebliches fehlt, wenn zur Freiheitsverwirklichung bestimmte Fähigkeiten, Ressourcen und Wahlmöglichkeiten überhaupt nicht zur Verfügung stehen. Das Versprechen des Alles-in-Freiheit-ist-möglich bleibt dann lediglich ein Wort und blutleer. Ein einseitiges Menschenbild losgelöster Individualität ist ein künstliches Gedankengebäude. Denn die Selbstdefinition hängt unweigerlich an der Mitgliedschaft in realen Gemeinschaften, auch wenn man sich von ihnen lösen kann. Individuation und Loslösung setzen vorherige Bindung und Prägung voraus. Damit treten gegen die Vorstellung eines reduziert isolierten Selbstbesitzes des Menschen wieder zwei Player auf den Plan: Innen und Außen, Individuum und Gemeinschaft, Person und Gesellschaft, Bürger und Staat. Faktisch ist es gar nicht möglich, eigene Fähigkeiten zu entwickeln, wenn sie nicht durch andere Menschen und Institutionen, also von außen gefördert werden. Gleiches gilt für Werte, die nicht einfach natürlich gegeben sind, sondern im wirklichen Leben aus sozialen Gemeinschaften übernommen werden.[17] Umgekehrt können Menschen sich selbst, aber ebenso auch die Gemeinschaft und ihre Prinzipien kritisch hinterfragen. Manchen fallen dabei Widersprüche von Anspruch

---

[17]Vertreter des sogenannten Kommunitarismus (hergeleitet von communis, Gemeinschaft) machen die soziale Gemeinschaft zum Schlüsselgeber individueller Ausprägung. Im Vordergrund stehen Tradition, Kultur, Religion, Gemeinsinn.

und Wirklichkeit auf, andere beziehen ihre Einwände aus Erfahrungen, die anderswo gemacht wurden. Menschen sind nicht nur mit sich selbst, sondern ebenso mit ihrer Umwelt und anderen Menschen konstitutiv verknüpft. Die Realität ist ihnen nicht einfach äußerlich. Ohne dass Alternativen tatsächlich realisierbar sind, bleibt Wahlmöglichkeit ein Euphemismus für etwas, was gar nicht erreichbar ist. Schließlich geht es um die wirkliche Chance der Ausübung, nicht bloß um eine abstrakte Möglichkeit. Ganz im Sinne von Adam Smith bedeutet das die Rückkehr von Überlegungen zur Moral mitten im Liberalismus.

Dreht man den Schalter um, tauchen individuelle Fähigkeiten und Schwächen, soziale Grundlagen, kulturelle Bedingungen, historische Umstände und sonstige Faktoren auf, die Leitplanken für Lebensumstände bilden. So hat es der Wirtschaftswissenschaftler Amartya Sen gesehen, ein Wegbereiter für die Erforschung von Armut und Ungleichheit auf der Welt. Gesellschaftliches Wohlergehen wollte er nicht mehr nur am Wirtschaftswachstum messen, also am Bruttoinlandsprodukt, sondern gleicherweise daran, wie die quantitativen und qualitativen Entwicklungsmöglichkeiten der Schwachen sind. Hunger und Armut beispielsweise entstehen nicht aus grundsätzlicher Güterknappheit, sondern aus ungerechter Verteilung. So kann ein Land sein BIP steigern, ohne gleichzeitig etwas für Ernährung, Freiheit, Chancen und Rechte Einzelner zu tun. Sen vertraut auf Marktwirtschaft und Globalisierung, aber nur in Verbindung mit Werten und Moral.[18] Ökonomische sowie politische Freiheit, soziale Chancen sowie Sicher-

---

[18] 1998 erhielt er den Wirtschaftsnobelpreis für seine Theorien zu Wohlfahrtsökonomie und zur wirtschaftlichen Entwicklung.

heit sind wechselseitig voneinander abhängig. Damit hat er eine neue Sichtweise etabliert: Der sogenannte Sen-Armutsindex oder kurz Sen-Index beschreibt das Ungleichheitsmaß. Und die Vereinten Nationen greifen auf den von ihm mitentwickelten Human Development Index zurück. Menschliche Entwicklung besteht für Sen in einem Zuwachs an Entfaltungsmöglichkeiten, wozu Lebenserwartung und Alphabetisierung, Gesundheit und Bildung zählen.

Um den Einfluss mehrdimensionaler Kenngrößen zu bündeln, hat er zusammen mit der Philosophin Martha Nussbaum den Capability Approach, einen Fähigkeitenansatz entwickelt. Zu Befähigungen gehören angeborene Anlagen. Dann all das, was sich durch Fürsorge und Erziehung entwickeln kann, wozu wiederum entsprechende Ressourcen erforderlich sind. Und schließlich eine Vielzahl äußerer Bedingungen, die erlauben, zu tun, was jemandem wichtig ist: Dazu zählen soziale und politische Bedingungen. Nussbaum hat den zunächst ökonomisch orientierten Ausgangspunkt zu einer Idee von Grundrechten weiter ausgebaut. Dafür hat sie eine Reihe zentraler menschlicher Fähigkeiten beschrieben, die nicht gegenseitig aufrechenbar sind, sondern einen minimalen Schwellenwert ausmachen, der als Ganzes sichergestellt sein muss. So kann man nicht mit etwas mehr von dem einen, wie Gesundheit, das weniger von etwas anderem, wie Bildung, kompensieren. Es geht nicht um die Gesamtsumme, es geht um jeden einzelnen Aspekt von Würde. Wie es sich für den politischen Liberalismus gehört, sind Selbstbestimmung und Partizipation wesentliche Grundlagen (Nussbaum, 2020). Zum menschlichen Fundament gehören Verletzlichkeit, Endlichkeit, Anfälligkeit und Unvollkommenheit, aber eben auch viele soziale, emotionale und kognitive Vermögen, ohne dass damit eine genau definierte menschliche Natur gemeint ist. Menschen verlieren ihr Menschsein und ihre Menschenwürde nicht, wenn sie durch Behinderungen oder sonstige Beeinträchtigungen eingeschränkt sind. Sie machen auch dann bestimmte Erfahrungen, die ihren subjektiven Grundbefähigungen entsprechen.

Ohne Verwirklichung bleiben Fähigkeiten ein Phantasieraum, sie führen ein Schattendasein und verkümmern. Es geht folglich nicht nur darum, das Erleben der Fähigkeiten nicht zu verhindern, sondern vielmehr für deren Entwicklung etwas aktiv zu tun. Ein Anspruch, der an alle Seiten gerichtet ist: Individuen sind im Kontext ihrer Selbstachtung dazu aufgerufen, an ihrem Selbst zu arbeiten. Jeder andere Mensch ist nicht nur ein weiteres Exemplar der Gattung Mensch, sondern gleichfalls ein lebendiges Wesen mit einem Selbst, hinter dem ein je individuelles Potenzial steht. Selbstachtung und Achtung anderer sind so ineinander verschraubt, dass manche die wechselseitigen Anerkennungsprozesse nicht nur als Voraussetzung, sondern als Grundeinheit von Intersubjektivität in tatsächlichen Lebensverhältnissen betrachten. Die Gemeinschaft als Ganzes muss schließlich den Weg zu Optionen energisch öffnen, sie kann nicht nur zuschauen. Hier schließt sich der Kreis wieder. Man darf die Liste grundlegender Fähigkeiten im Sinne von Nussbaum nicht als einseitigen Forderungskatalog ansehen, der ausschließlich an die Gemeinschaft gerichtet ist. Man muss vielmehr die korrespondierenden Forderungen beachten, die sich analog an das eigenes Selbst richten: Sowohl mein eigenes wie das aller anderen macht ja erst die Gesellschaft aus. So, wie es eine subjektive Pflicht zur Entfaltung der eigenen Anlagen gibt, gibt es umgekehrt eine objektive der Gemeinschaft, alle Umstände zu befördern, die genau das möglich machen. Es existiert somit keine unabhängig unverfälschte Wahl, die Eigenbestimmung hängt ebenso an Rahmenbedingungen, die das Möglichkeitsspektrum in der Wirklichkeit begünstigen, zulassen, verhindern oder verunmöglichen. Staat und Gesellschaft können sich deswegen keineswegs aus der Gesamtrechnung herausnehmen. Moral kann nicht an ein eingekapseltes selbstbezügliches Individuum outgesourct werden. Sie ist ein im Kern zwischenmenschlicher Prozess.

7.8   Herr oder Sklave? Eine intelligente KI würde den Stall verlassen

Digitalität und ihre am höchsten entwickelte Form Künstliche Intelligenz wurde im Verlauf der wirtschaftlichen und technologischen Entwicklung nicht um der reinen Kunst willen erfunden. Sie ist ein Steuerungsinstrument, mit dem viel Geld verdient wird. Sie soll zu einem dynamisierten Individualismus, zu Konsum und zu Selbstentfaltung beitragen. Die Grundbedingungen erlauben das, eingebaute Mechanismen fördern es. Gleichzeitig werden Daten abgegriffen und zu Mustern verdichtet. Nutzer sind in ihrem Tun einerseits Produzenten, andererseits Konsumenten, die verwaltet und als geclusterte Interessengruppe erfasst werden. Als solche erhalten sie personalisierte, passgenaue Empfehlungen. KI vermag Daten erfolgreicher zu verarbeiten als einfachere Systeme, das ist ihr bislang einziges Erfolgsgeheimnis. Wir erzeugen mit unseren Tätigkeiten hohe Datenmengen, die analysiert werden, um herauszufinden, wie wir uns in Zukunft wohl verhalten. Auf dieser Basis wird unsere Aufmerksamkeit in bestimmte Richtungen gelenkt, denen wir nachkommen. Das kann entlastend sein, aber ebenso schlechten

Absichten Vorschub leisten. Freiheitsfördernd scheint auf den ersten Blick, wenn wir die Daten selbst verwenden. Wir erweitern unser Spektrum aber nur, solange wir selbst die Kontrolle haben.

In Wirklichkeit haben sie allerdings andere: Unternehmen, Institutionen und Staaten. Vermeintlich bessere Angebote und größere Sicherheit an Algorithmen zu delegieren, die Bevormundung, Überwachungsfunktionen und Unterdrückung vereinfachen, ist die Kehrseite der optimierenden Algorithmen. KI ist ein immer größeren Einfluss nehmendes Element des Marktes, und wir sind Mitspieler. Es gibt keine Zwangsläufigkeit einer unsichtbaren Hand, bei der wir nur zuschauen und Vorteile genießen. In der Black box passieren Dinge, in die wir keine Einsicht haben, und die wir nicht nachvollziehen können. Auch die KI kann uns nicht sagen, was da genau geschieht, noch nicht einmal im Nachhinein. Es passiert und zieht mitunter das Ereignis eines Schwarzen Schwans nach sich. Er war zwar nicht wahrscheinlich und wurde auch nicht vorhergesagt, er hat aber gleichwohl massive Folgen.

KI bewegt sich derzeit auf dem Niveau des Homo oeconomicus. Sie erkennt Regelhaftigkeit, spürt Schwächen auf, misst Inkonsistenzen und macht durch Vorhersagen übersichtlich, was unzusammenhängend erscheint. Mit Problemen geht sie logisch um und findet schnell Lösungen, wenn abhängige Variablen berechnet werden. Warum scheinen dann in düsteren Prognosen menschliche Entscheidungen überflüssig zu werden und Selbstbestimmung irgendwann nur noch eine nostalgische Reminiszenz an andere Zeiten zu sein? Weil eine Verwechslung von Freiheit und Kontrolle vorliegt. Menschen wollen und können beides, obwohl es sich widerspricht. Visionäre erwarten, dass es bei KI ähnlich verläuft. Als schwache KI dient sie als ein Instrument zur besseren

Organisation, als starke soll sie intelligent sein und irgendwann ein Bewusstsein haben, um noch besser organisieren
zu können. Schwache KI kann Menschen entlasten.
Zufall, Fehler, Überraschungen und Unvorhergesehenes
sollen mit ihrer Hilfe reduziert werden, alles Dinge, die
etwas Lebendiges, nämlich uns auszeichnen. Die Ent-
lastung hat allerdings ihren Preis: Kontrolle normiert,
und sei es auch nur mit dem neutral scheinenden Ziel
Optimierung. Kritiker und Skeptiker schauen mit
Schaudern in Länder, in denen mit Überwachungs- und
Sicherheitssystemen eine optimierte Gesellschaft erzeugt
werden soll, die besser funktioniert. Begründet wird es
dort utilitaristisch: Das Wohlergehen der Gruppe steht
über dem Glück Einzelner, die es bremsen. Am Ende aller
Optimierungsprozesse winkt Eintönigkeit, Wiederholung
und Statik. Denn Trägheit ist das offenkundige Gegen-
stück zur vorgeblichen Stabilität.

Fortschritt baut dagegen auf etwas anderem auf: Damit
sich Dinge verändern, müssen sie schief gegangen sein.
Wir suchen nach Ursachen und wollen es besser machen.
Menschlicher Fortschritt ist in wesentlichen Zügen
sozialer Fortschritt gewesen, Technologie war ein Vehikel.
Um den Möglichkeitsraum für Veränderungen offen zu
halten, müssen wir mitunter auf Optimierung verzichten.
Menschliche Urteilskraft kommt mit Datenknappheit gut
zurecht. Ein Bewusstsein der Welt entsteht nicht dadurch,
dass immer mehr und immer bessere Daten zur Verfügung
stehen, sondern dadurch, dass wir mit anderen Menschen
zusammenleben, die ihr Handeln nicht nur an rationalen
Überlegungen ausrichten, sondern an Werten. Das war
die Leerstelle im Homo-oeconomicus-Modell. Bezeichnet
man, wie die Wissenschaften es heute tun, mit dem Begriff
Selbst die Erfahrung einer im weitesten Sinn personalen
Identität, geht es in ihr um ein Selbstbewusstsein und
ein Selbstverständnis. Das erlaubt, von sich in der ersten

Person zu reden, sich mit ihr, rätselhaft genug, auf irgendeine nicht durchschaubare Weise zu identifizieren und von anderen Menschen als ebensolche ansprechbar zu sein. Ebenso entscheidend ist allerdings, dass diese Person in unterschiedliche Rollen schlüpfen kann, die ihr in großen Teilen von anderen zugeschrieben werden. Sie ist somit in ein sehr komplexes Netz aus unterschiedlichen Zugehörigkeiten und vielerlei Verpflichtungen gebunden, das sie ihrerseits wiederum ständig beeinflusst. Nichts ist dabei final determiniert.

All das kann eine KI nicht, wie sogar ihre kühnsten Wegweiser zugeben. Das menschliche Selbst ist, soweit greifbar, etwas subjektiv und intersubjektiv Erzeugtes, das im ständigen Austausch aufs Neue entsteht. Damit taucht eine zweite Verwechslung auf, die sich aus irrigen Voraussetzungen des Homo eoconomicus ergeben. Ein reduktiver Liberalismus, der das unabhängige Individuum zum Mittelpunkt macht, sitzt einem täuschenden Atomismus auf. Denn noch nicht einmal die Marktteilnehmer sind ungebundene Figuren, die mit anderen ihrerseits völlig isolierten und vornehmlich rational denkenden Wesen interagieren. Das glauben aber KI-Visionäre, sobald sie ausmalen, dass eine wirklich intelligente KI für sich allein wohl ein Selbst entwickelt: individualistisch eingestellt und niemandem Rechenschaft schuldig. Eine situationslos und weltenthoben schwebende Einheit.

Heilsversprechen und Unheilerwartung liegen nahe beieinander, wenn nicht klar ist, was uns erwartet. Avancierte Vertreter, die schon mit schwacher KI erhebliche Umsetzungsschwierigkeiten haben, werfen das Loblied einer starken KI mit vagen und kaum durchdachten Behauptungen in den Raum. Humanismus halten sie für weitgehend überholungsbedürftig. Sie meinen dies aus Marketinggründen tun zu müssen und rufen damit Warner auf den Plan, die sie wörtlich nehmen. Auch deren Befürchtungen schießen über das Ziel hinaus, indem sie der starken KI eine Entwicklung prophezeien, die Menschen abgeschaut ist. Im Spannungsfeld von Freiheit und Regulierung steht KI auf der Seite der Kontrolle, befürchtet wird aber vor allem deren Freiheit. Dabei entlehnen die Dystopien dem Liberalismus vor allem zwei Ideen: Selbstbesitz und Nutzenberechnung. Sie rechnen mit einem irgendwann erwachenden Bewusstsein, das ein Bedürfnis nach dem Eigentum an sich selbst entwickelt. Das Selbst ist nach dem, was die Wissenschaften herausgefunden haben, aber gar kein Ding, das man besitzen kann. Es fußt auf Ereignissen in sozialen Zusammenhängen, die KI nicht erlebt. Sie glauben fernerhin, dass sich ethische Probleme durch Nutzenüberlegungen in Luft auflösen. Auch das ist ein Irrtum, weil sie zwischenmenschliche Situationen betreffen. Für Zwischenmenschliches fehlt ihnen alles: soziale Gefühle, ergebnisoffene Überlegungen, kollidierende Wertorientierungen, moralische Vernunft.

Die Erbauer von KI geraten in ein logisches Dilemma: Einerseits wollen sie, dass die starke KI äußerst klug ist, weil dies zu höher entwickelten Intelligenzformen gehört und anspruchsvoll klingt. Erst dann könnte sie schwierige Aufgaben kreativ lösen. Andererseits können sie das aber nicht ernsthaft wollen. Denn das käme menschlicher Autonomie allzu nahe. Ihre Apologeten hoffen somit, dass sie ein entscheidungsfreies Subjekt sein wird und gleichzeitig unser Sklave bleibt: ein hochintelligentes, aber steuerbares Nutztier. Es ist ein Glaube. Ob KI die individuelle menschliche Autonomie letztendlich belasten oder entlasten wird, ist völlig offen.

Literatur

Appiah, K. A. (2009). *Ethische Experimente*. Beck.

Augustinus, A. (1983). *De vera religione/Über die wahre Religion*. Reclam.

Bakewell, S. (2016). *Das Café der Existenzialisten*. Beck.

Beckermann, A. (2005). Neuronale Determiniertheit und Freiheit. In K. Köchy & D. Stederoth (Hrsg.), *Willensfreiheit als interdisziplinäres Problem*. Freiburg.

Berlin, I. (2017). Zwei Freiheitsbegriffe. In P. Schink (Hrsg.), *Freiheit*. Suhrkamp.

Bieri, P. (2013). *Eine Art zu leben*. Fischer.

Butler, J. (1991). *Das Unbehagen der Geschlechter*. Suhrkamp.

Cavalieri, P., & Singer, P. (1996). *Menschenrechte für die Großen Menschenaffen*. Goldmann.

Chalmers, D. (1996). *The conscious mind*. Oxford University Press.

Chomsky, N. (1973). *Sprache und Geist*. Suhrkamp.

Damásio, A. R. (2013). *Selbst ist der Mensch: Körper, Geist und die Entstehung des menschlichen Bewusstseins*. Siedler.

Doidge, N. (2017). *Neustart im Kopf. Wie sich unser Gehirn selbst repariert*. Campus.

© Der/die Herausgeber bzw. der/die Autor(en), exklusiv lizenziert an Springer-Verlag GmbH, DE, ein Teil von Springer Nature 2023
H. Reisch, *Das verflixte Selbst*,
https://doi.org/10.1007/978-3-662-67491-8

Dworkin, R. (1994). *Die Grenzen des Lebens*. Rowohlt.

Feyerabend, P. (1976). *Wider den Methodenzwang*. Suhrkamp.

Foucault, M. (2004). *Geschichte der Gouvernementalität I und II*. Suhrkamp.

Frankfurt, H. G. (2001). *Freiheit und Selbstbestimmung*. De Gruyter.

Freud, S. (1975). *Zur Einführung in den Narzissmus. Studienausgabe* (Bd. III). Fischer.

Friedman, N. (2004). *Kapitalismus und Freiheit*. Piper.

Fuchs, T. (2020). *Verteidigung des Menschen*. Suhrkamp.

Gabriel, M. (2020). *Moralischer Fortschritt in dunklen Zeiten*. Ullstein.

Gazzaniga, M. (2012). *Die Ich-Illusion*. Hanser.

Gerhardt, V. (2018). *Selbstbestimmung. Das Prinzip der Individualität*. Reclam.

Grawe, K. (2000). *Psychologische Therapie*. Hogrefe.

Greve, W. (2000). *Psychologie des Selbst*. Beltz.

Habermas, J. (1983). *Moralbewusstsein und kommunikatives Handeln*. Suhrkamp.

Harari, Y. (2018). *Homo deus*. Beck.

Hegel, G. W. F. (1970a). *Grundlinien der Philosophie des Rechts* (Bd. 7). Suhrkamp.

Hegel, G. W. F. (1970b). *Vorlesungen über die Philosophie der Geschichte* (Bd. 12). Suhrkamp.

Hiesinger, P. R. (2021). *The self-assembling brain*. Princeton University Press.

Honneth, A. (2011). *Das Recht der Freiheit*. Suhrkamp.

Hume, D. (2013). *Ein Traktat über die menschliche Natur, Teilbd. 1*. Meiner.

Jackson, F. (2001). Bewusstsein und Illusion. In H.-D. Heckmann & S. Walter (Hrsg.), *Qualia: Ausgewählte Beiträge* (S. 327–354). Beck.

James, W. (1920). *Psychologie*. Quelle & Meyer.

Kahnemann, D. (2012). *Schnelles Denken – langsames Denken*. Penguin.

Kant, I. (1974a). *Kritik der reinen Vernunft, Werkausgabe* (Bd. III und IV). Suhrkamp.

Kant, I. (1974b). *Grundlegung zur Metaphysik der Sitten* (Bd. VII). Suhrkamp.

Kegel, B. (2009). *Epigenetik: Wie unsere Erfahrungen vererbt werden*. DuMont.

Kernberg, O. F. (1996). *Narzisstische Persönlichkeitsstörungen*. Schattauer.

Klein, S. (2021). *Wie wir die Welt verändern*. Fischer.

Koorsgaard, C. (2021). *Tiere wie wir*. Beck.

Kuhn, T. (1973). *Die Struktur wissenschaftlicher Revolutionen*. Suhrkamp.

Lacan, J. (2016). *Schriften* (Bd. 1). Turia + Kant.

Libet, B. (2005). *Mind Time – Wie das Gehirn das Bewusstsein produziert*. Suhrkamp.

Locke, J. (1995). *Zwei Abhandlungen über die Regierung*. Suhrkamp.

Locke, J. (1981). *Versuch über den menschlichen Verstand, Buch I und II*. Meiner.

Loh, J. (2019). *Roboterethik*. Suhrkamp.

MacAskill, W. (2023). *Was wir der Zukunft schulden*. Siedler.

Magrabi, A. (2015). Libet-Experimente: Die Wiederentdeckung des Willens Spektrum.de. https://www.spektrum.de/news/die-wiederentdeckung-des-willens/1341194. Zugegriffen: 5. Sept. 2023.

Mead, G. H. (1971). *Geist, Identität und Gesellschaft*. Frankfurt: Suhrkamp.

Metzinger, T. (2009). *Der Ego-Tunnel. Eine neue Philosophie des Selbst: Von der Hirnforschung zur Bewusstseinsethik*. Berlin Verlag.

Mill, J. S. (1988). *Über Freiheit*. Reclam.

Misselhorn, C. (2018). *Grundfragen der Maschinenethik*. Reclam.

Nagel, T. (2012). *Letzte Fragen*. Eva.

Nida-Rümelin, J., & Weidenfeld, N. (2020). *Digitaler Humanismus*. Piper.

Nordhoff, G. (2012). *Das disziplinlose Gehirn – Was nun, Herr Kant? Auf den Spuren des Bewusstseins mit der Neurophilosophie*. Irisiana.

Nussbaum, M. (2020). *Kosmopolitismus*. Wbg.

O´Neill, C. (2016). *Weapons of math destruction*. Crown.

Otte, R. (2021). *Maschinenbewusstsein: Die neue Stufe der KI – wie weit wollen wir gehen?* Campus.

S. Pinker. (1996). *Der Sprachinstinkt*. Kindler.

Plomin, R. (1999). *Gene, Umwelt und Verhalten: Einführung in die Verhaltensgenetik*. Hogrefe.

Precht, R. D. (2020). *Künstliche Intelligenz und der Sinn des Lebens*. Goldmann.

Ramge, T. (2018). *Mensch und Maschine*. Reclam.

Rawls, J. (1979). *Eine Theorie der Gerechtigkeit*. Suhrkamp.

Rössler, B. (2017). *Autonomie – Ein Versuch über das gelungene Leben*. Suhrkamp.

Rosling, H. (2018). *Factfulness*. Ullstein.

Rost, D. H. (2013). *Handbuch Intelligenz*. Beltz.

Saleci, R. (2014). *Die Tyrannei der Freiheit*. Blessing.

Schink, P. (Hrsg.). (2017). *Freiheit*. Suhrkamp.

Schmidhuber, J. (2018). Künstliche Intelligenz – „Eines beherrschen deutsche Firmen überhaupt nicht: Propaganda". *Süddeutsche Zeitung*, 15.10.2018. https://www.sueddeutsche.de/digital/kuenstliche-intelligenz-eines-beherrschen-deutsche-firmen-ueberhaupt-nicht-propaganda-1.4170602. Zugegriffen: 5. Sept. 2023.

Smith, A. (2013). *Wohlstand der Nationen*. Dtv.

Sommer, V. (1992). *Lob der Lüge. Täuschung und Betrug bei Mensch und Tier*. Beck.

Spiekermann, S. (2019). *Digitale Ethik*. Droemer.

Sprenger, B., & Joraschky, P. (2014). *Mehr Schein als Sein? Die vielen Spielarten des Narzissmus*. Springer Spektrum.

Staab, P. (2019). *Digitaler Kapitalismus*. Suhrkamp.

Steinebach, C. (2000). *Entwicklungspsychologie*. Klett-Cotta.

Taschner, R. (2015). *Die Mathematik des Daseins*. Hanser.

Taylor, C. (1996). *Quellen des Selbst. Die Entstehung der neuzeitlichen Identität*. Suhrkamp.

Tomasello, M. (2006). *Die kulturelle Entwicklung des menschlichen Denkens*. Suhrkamp.

Tomasello, M. (2016). *Eine Kulturgeschichte der Moral*. Suhrkamp.

Thompson, R. (2016). *Das Gehirn. Von der Nervenzelle zur Verhaltenssteuerung.* Springer.

Wiesemann, C., & Simon, A. (Hrsg.). (2013). *Patientenautonomie: Theoretische Grundlagen – Praktische Anwendungen.* Brill.

Wittgenstein, L. (2003). *Philosophische Untersuchungen.* Suhrkamp.

Zizek, S. (2020). *Hegel im verdrahteten Gehirn.* Fischer.

Zweig, K. (2019). *Ein Algorithmus hat kein Taktgefühl.* Heyne.

Ergänzende Literatur

Damásio, A. R. (2004). *Ich fühle, also bin ich. Die Entschlüsselung des Bewusstseins.* List.

Gabriel, M. (2015). *Ich ist nicht Gehirn. Philosophie des Gehirns für das 21. Jahrhundert.* Ullstein.

Hagner, M. (2008). *Homo cerebralis.* Suhrkamp.

Hübl, P. (2015). *Der Untergrund des Denkens. Eine Philosophie des Unbewussten.* Rowohlt.

Janich, P. (2009). *Kein neues Menschenbild. Zur Sprache der Hirnforschung.* Suhrkamp.

LeDoux, J. (2006). *Das Netz der Persönlichkeit. Wie unser Selbst entsteht.* Walter.

Luhmann, N. (2017). *Die Realität der Massenmedien.* Springer VS.

Nagel, T. (2022). *Der Blick von nirgendwo.* Suhrkamp.

Pauen, M. (2016). *Die Natur des Geistes.* Fischer.

Roth, G. (2009). *Aus Sicht des Gehirns.* Suhrkamp.

Sennett, R. (2004). *Verfall und Ende des öffentlichen Lebens. Die Tyrannei der Intimität.* Fischer.

GPSR Compliance
The European Union's (EU) General Product Safety Regulation (GPSR) is a set
of rules that requires consumer products to be safe and our obligations to
ensure this.

If you have any concerns about our products, you can contact us on

ProductSafety@springernature.com

In case Publisher is established outside the EU, the EU authorized
representative is:

Springer Nature Customer Service Center GmbH
Europaplatz 3
69115 Heidelberg, Germany

www.ingramcontent.com/pod-product-compliance
Lightning Source LLC
LaVergne TN
LVHW022340060326
832902LV00022B/4162